Vorwort

Alle Jahre wieder geht es in die Pilze! Für manche ist es ein wunderbarer Brauch, eine von Generation zu Generation weitergegebene Tradition, andere entdecken die inspirierende Suche nach diesen faszinierenden Gewächsen als ihr bevorzugtes Hobby völlig neu. Klar ist: Die Welt der Pilze ist unglaublich vielfältig, selbst der erfahrenste Sammler gewinnt immer wieder neue Erkenntnisse. Wussten Sie eigentlich, dass die Pilze, die in der Natur ein eigenes Reich bilden, enger mit Tieren als mit Pflanzen verwandt sind?
Doch in diesem Büchlein geht es nicht primär um die Mykologie, also die Wissenschaft von den Pilzen. Vielmehr halten Sie einen praktischen Ratgeber in der Hand, der Ihnen im Alltag beim Suchen (und Finden!), Verarbeiten und Kochen der wunderbaren Köstlichkeiten eine Hilfestellung bieten soll. 45 der wichtigsten, am meisten verbreiteten Pilze in unseren Breitengraden finden Sie in diesem Kompass ausführlich beschrieben und charakterisiert. Viele praktische Tipps sowie leckere Rezepte runden das Angebot ab.
Streifen Sie also mit wachem Auge durch Wald und Flur, genießen Sie die frische Luft und die Schönheit der Natur. Und das großartige Gefühl, die Pilz-Mahlzeit nicht im Supermarkt gekauft, sondern mit eigenen Händen „geerntet“ zu haben. Nur am Rande sei erwähnt, dass Sie sich dieses Gericht dann auch zum Nulltarif munden lassen können.
Aus diesem Holz sind wahre Glückspilze geschnitzt!
Viel Erfolg!

Prof. Beatrix Gromus
Henning Seehusen, Herausgeber

Hamburg, 2015

Inhalt

S

Röhrlinge

Blätterpilze

Seite

Rezepte

Nichtblätterpilze

Erklärung der Symbole

Röhrlinge haben unterhalb des Pilzhutes eine röhrenförmige Fruchtschicht, z.B. der Steinpilz (S. 39).

Blätterpilze (Lamellenpilze) haben unterhalb der Hutseite Lamellen (dünne Blätter), die vom Stiel zum Hutrand verlaufen, z.B. der Speisetäubling (S. 81).

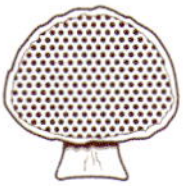

Nichtblätterpilze sind Pilze mit anderen Fruchtkörpern (Bauchpilze, Schlauchpilze usw.).

essbar Der Pilz ist essbar, muss aber gut durchgegart werden.

ungenießbar Der Pilz hat einen unangenehmen Geschmack oder kann bei manchen Menschen Allergien auslösen.

giftig Dieser Pilz hat Gifte, die sich unterschiedlich auswirken können, z.B. auf Organe wie Leber, Niere und Herz oder das zentrale Nervensystem, zuweilen auch mit zeitlicher Verzögerung.

Lebensraum Laubwald

Lebensraum Nadelwald

Lebensraum Wiesen und Gärten

Lebensraum Feuchtgebiete

Allgemein:
Wo, wann und wie findet man Pilze?

Pilze treten in nahezu allen Bereichen unseres Lebens auf: im Nadelwald, Mischwald, Laubwald, in Parks und auf Wiesen. Aber auch in der Stadt, am Wegesrand, bei alten Gemäuern und leider auch zuweilen in unseren Wohnräumen. Der Name eines Pilzes, die äußerst skurril sein können, verrät manchmal den Standort. Es lohnt, sich tief ins Unterholz zu wagen. Schöne Exemplare findet man aber auch am Rande des Waldes bzw. an Gehwegkanten. Ergiebig kann sogar der Besuch eines Friedhofes sein, wenn Sie das nicht als pietätlos empfinden.
Regen braucht es nicht zwingend, Tau über Nacht ist wichtiger. Allerdings können sich Pilze bei wochenlanger Trockenheit z.B. im Sommer nicht recht entwickeln. Sammelzeit ist vom Frühjahr bis zum Winter. Selbst im Dezember haben wir noch gute Maronen, Steinpilze, Täublinge und Birkenreizker gefunden. Es darf jedoch keinen Frost gegeben haben, dann sind die meisten Pilze erfroren, und sie beginnen zu schimmeln. Schimmelnde Pilze gefährden allerdings die Gesundheit. Falls es also bereits im Oktober/November gefroren hat, sollten Sie auf das Sammeln von Pilzen verzichten. Anschauen aber geht immer, und mit einem Anschnitt und auch einer Lupe ist doch leicht zu entscheiden, ob der Pilz verschimmelt ist. Übrigens: Bei 5 Grad ist es im Wald immer noch etwas wärmer, sodass man mit einiger Hoffnung dann immer noch die Wälder durchstreifen kann. Wenn Sie das Interesse an Pilzen gepackt hat, so sollten Sie bei warmem Wetter im März und April schon den Sommer für Ihr Pilzsammeln vormerken: Um diese Zeit bereitet sich auch das Mycel vor, um später die Pilze schießen zu lassen. Betrachten Sie das Gerede von guten, ergiebigen Pilzstellen, die man jedes Jahr wieder besuchen könne, aber nicht preisgegeben werden und geheim sein sollen, als Mär. Manchmal vergehen Jahre, ehe an diesen Stellen Pilze wieder hervorkommen. Und das liegt nicht (nur) am rigorosen Sammeln. Nach einer wilden, professionellen Sammelwut in den 80er-Jahren, die Kollegen aus dem Schweizer Raum – so wird es erzählt – im Schwarzwald veranstaltet haben, hatten sich die Pilze dort sehr rar gemacht, sodass es eine Zeitlang verboten war, dort etwas zu sammeln. Diese Entscheidung hatte sich gelohnt – und heute gibt es dort eine Artenvielfalt, dass es eine wahre Pracht ist.

Suchen und Finden

Wie beginnt man, ein Sammler zu sein? Bücher verschaffen zwar einen ersten Eindruck, aufgrund von Bildern oder Büchern allein aber sollten Sie Pilze nicht sammeln. Im Internet gibt es ganz ausgezeichnete Lehrfilme, die den Einstieg erleichtern. Unverzichtbar allerdings ist eine pilzerfahrene Person, zu der Sie Vertrauen haben und die Ihnen in Wald und Feld Informationen gibt und auch „dumme“ Fragen wichtig findet.

Aus ökologischen Gründen ist es natürlich empfehlenswert, das Fahrrad für den Weg in die Wälder, Felder und Wiesen zu nutzen. Leider lässt sich das besonders dann schlecht machen, wenn Sie ein Gebiet durchkämmt haben und danach eine entferntere Region aufsuchen wollen. Da außerdem Regen für das Pilzvorkommen nützlich ist, wird der Eine oder Andere vielleicht doch das Auto bevorzugen. Sprechen Sie sich mit Ihrem Begleiter (idealerweise ein erfahrener Pilzsammler) ab, wer welches Teilgebiet bearbeitet. Halten Sie dabei stets Rufkontakt, denn im Wald genügen bereits 20 Meter Entfernung, um sich komplett aus den Augen zu verlieren. Auch die Jagdsaison, die sich mit der Pilzsammelzeit manchmal überschneidet, birgt Gefahren für den Sammler: Sie könnten versehentlich getroffen werden! Deshalb kann dagegen ein farbliches Erkennungsmerkmal, etwa ein rotes Kleidungsstück (Pullover, Schal), hilfreich sein. Am besten ist es, wenn Sie Rufkontakt halten, das verscheucht darüberhinaus auch Wildtiere, denen Sie evtl. nicht so gerne begegnen würden, Wildschweine etwa.

Sehen Sie bitte nicht in jeder Person, die Ihnen im Wald begegnet, einen potenziellen Räuber; der Knigge im Wald gebietet ein freundliches „Guten Tag“. Stehenbleiben und Plauschen ist nicht nötig, aber ein am Arm vorhandenes Körbchen verrät doch den Sammler und provoziert Neugierde, was sich darin tummelt. Allerdings gibt es auch immer wieder diese verschwiegenen Eigenbrötler, die sich nicht in die Karten gucken lassen wollen und trotzdem keine üblen Absichten haben. Verächtlich schauen wir aber die Verursacher schon angeschnittener und doch liegengelassener Pilze an, die nur nach dem perfekten Exemplar suchen, den sie nur so an ein Restaurant verhökern können (Verachtet mir die angefressenen Pilze nicht; was einer Schnecke schmeckt, muss nicht schlecht sein und kann getrost nach Hause getragen werden, wenn noch nicht angefressene Teile vorhanden sind.). Allerdings sind uns auch schon Personen im Wald begegnet, denen das Suchen und Finden (man denke an die Ostereier) offenbar ein kindliches Vergnügen bereitet, die aber niemanden kennen, dem sie so weit trauen, dass sie die Pilze essen würden. Oder sie mögen Pilze schlicht nicht und entsorgen sie noch im Wald – das ist so traurig! Wir haben Stellen im Wald gefunden, wo Pilze angehäuft lagen: geschnitten, beste Steinpilze und Maronen; zum Heulen (Diese nehmen wir natürlich mit, aber ohne die sonstigen Glücksgefühle zu erzeugen.). Sind das nun Banausen, oder muss man Verständnis haben, weil ihre Angst vor Vergiftung und ihre Unkenntnis zu groß sind?

Haben Sie sich ein Gebiet ausgesucht, so sollten Sie langsam gehen, nehmen Sie nicht den gleichen Weg wie ihr Nachbar, aber zeigen Sie sich gegenseitig Fundstücke: Freude ist teilbar, wenn auch Neid empfunden werden kann, der ja zu noch intensiverem Suchen führt. Und denken Sie daran: Ein Pilz ist nicht gern allein!

Wenn sich in einem Areal von ca. 30 mal 30 Meter keine Arten von Pilzen zeigen, können Sie das Waldstück getrost verlassen und woanders weitersuchen. Manchmal lohnt es sich, einen Waldweg, der sich als Schneise durch den Wald bahnt, zu überqueren, und man wird dort auf einmal doch fündig. Möglicherweise ist das Mycel in seinem Wachstum oder in seiner Ausbreitung dort gestört worden. Es gibt Anzeichen dafür, dass an einem Berghang oder Hügel das Mycel nach unten „wandert", sodass Sie entlang einer solchen gedachten Schneise so manch weiteren Pilz derselben Art finden können.

Es sollten nur solche Pilze zum Verwerten gesammelt werden, bei denen Sie absolut sicher sind. Unbekannte Pilze können aber bestaunt und fotografiert werden. Zur Bestimmung können Sie ein einzelnes Exemplar in einem Extrabehälter mit nach Hause nehmen. In den meisten Gebieten ist es nur erlaubt, für den Eigenbedarf ca. 2 kg Pilze zu sammeln. Erkundigen Sie sich z. B. beim Förster, ob es regional besondere gesetzliche Regelungen gibt. Wenn Sie Röhrenpilze gesammelt haben, könnten Sie das Gewicht Ihres Sammelertrages etwas verringern, indem Sie die Röhren noch im Freien vom Pilz lösen und sie dort entsorgen. Das dient auch der Verbreitung der Sporen, je nach Reifegrad des Pilzes. Für den begeisterten Pilzsammler ist es schwer, nicht zuzugreifen, wenn ihn ein Steinpilz oder so ein netter Fichtenreizker anlacht.

Ausrüstung

Die wichtigsten Utensilien, die Sie mitnehmen sollten, sind ein Korb oder Behälter aus Tuch und ein Messer, bloß keine Plastiktüten! Der Pilz hat gern Luft und mag nicht gequetscht werden. Das Messer ist dabei ein, wenn auch wahrscheinlich nutzloser, Mutmacher, das bei einer Begegnung mit Wildschweinen zumindest psychisch Stärke verspricht. 2014 hat es auch einen Fall gegeben, in dem eine Frau beim Pilzesammeln von einem sexuellen Wüstling angefallen wurde, sie sich jedoch erfolgreich mit dem Messer zur Wehr setzen konnte. Ein zweiter kleinerer Behälter wäre dafür nützlich, wenn Sie einen interessanten Pilz zu Hause näher unter die Lupe nehmen wollen, aber unsicher sind, ob dieser giftig ist. Sie sollten ihn dann in einen getrennten Behälter legen. Haben Sie eine Jacke mit vielen Taschen? Die sollten Sie anziehen, denn dann könnten Sie noch weitere nützliche Gegenstände unterbringen: einen Notizblock mit Bleistift etwa, um die Fundstelle, die Umgebung und die Bodenbeschaffenheit zu dokumentieren. Des weiteren Ihr Handy mit GPS für den Fall, dass Sie sich verlaufen haben. Aber Obacht! Manchmal gibt es im Wald keinen Empfang, sodass man auf einen Kompass und eine Wanderkarte zurückgreifen sollte. Gehen Sie lieber nicht allein in den tiefe-ren Wald; beim Abscannen des Bodens mit heruntergebeugtem Kopf und bei bedecktem Himmel verliert man schnell die Orientierung. Die Grundsatzfrage aller Sammler: schneiden oder drehen? Beides hat Vor- und Nachteile; wichtig ist es, den Pilz weit unten (Laub vorsichtig entfernen!) zu erfassen, da Sie nur so beurteilen können, ob der Pilz z.B. eine Knolle hat (wichtiges Erkennungszeichen beim äußerst giftigen Knollenblätterpilz). Das Anschneiden ist zur Bestimmung ebenso wichtig, da der Pilz sich dabei verfärben kann und dies ebenso als Erkennungsmerkmal gilt.

Pilze und die Beziehung zur Natur

Als Pilzfreund ist man nicht zwingend Natur- und Ökofreund, aber man lernt die Natur gut kennen, und so wächst schleichend die Bewunderung für die Natur; insbesondere dann, wenn Sie keine Pilze „fangen". Nebenbei gesagt: Wir sind auch Angler, und das Glück, einen Pilz zu sichten, ihn einzukreisen, zu sammeln, ist in etwa vergleichbar mit dem Gefühl, wenn Sie einen Fisch an der Angel haben.

Dieses Glücksgefühl wird Sie dazu bringen, sich genau danach weiter auf die Suche zu begeben: Keine Angst, es ist keine Sucht. Erst wenn sich Ihre Familie und Freunde von Ihnen abwenden und Ihnen Ihr Beruf gleichgültig wird, um sich endlich wieder auf die Pilzsuche begeben zu können, müsste man ein neues Krankheitsbild diskutieren: die Pilzsammelsucht. Kommt wirklich nichts in das Körbchen, so sollten Sie zuweilen Ihren Blick erheben, die Gipfel der Bäume betrachten, das Moos zu ihren Füßen, die eine oder andere Blau- oder Himbeere (klein, aber fein und süß) zum Munde führen, die Nüstern blähen und den himmlischen Geruch des Waldes in sich aufnehmen. Vielleicht lernen Sie so nebenbei wieder, Ihre Sinne besser zu nutzen, denn beim Pilzesammeln sind fast alle Sinne gefordert: sehen, riechen (sie produzieren faszinierende Düfte), schmecken, tasten und „zerbröseln".

Pilzwanderungen

Angebotene Pilzwanderungen mit Fachleuten können sehr unterschiedlich sein. Von den meisten können Sie immer etwas lernen. Aber glauben Sie nicht gleich, Sie seien ein Pilzfachman/frau, wenn Sie so eine Wanderung mitgemacht haben: So etwas macht Spaß, man ist in der Natur und trifft Gleichgesinnte. Bei der Auswahl von Wanderungen fragen Sie nach der zugelassenen Anzahl von Teilnehmern. Wenn die Anzahl nicht begrenzt ist, ist das kein gutes Zeichen, denn Nachfragen, Erläuterungen möchten Sie ja gerne auch persönlich stellen wollen. Es trifft sich eine Gruppe von interessierten Leuten, die etwas dazu lernen wollen. Sie erfahren aber nichts, wenn sie aufgeteilt werden und dann mit einigen anderen Unwissenden allein durch den Wald streifen. Ein kleiner Kreis, dicht dran am Führer und immer mit der Möglichkeit, diesen anzusprechen – dann lohnt sich so ein Trip. Und werden Sie ganz vorsichtig, wenn der Pilzexperte gegenüber einem Neuling, der Sie sind, zu jedem kleinsten braunen Hütchen, das im Moos zu erkennen ist, seine Kommentare abgibt. Das tut er oder sie nur, um Ihnen zu zeigen, was für ein „Crack" er/sie ist. Das ist eine absolute Überforderung! Man sollte sich immer überlegen, ob die Information zu einem Kenntnisgewinn führt oder ob der Meister nur seine Kompetenz zeigen möchte. Ein gutes Zeichen für Qualität ist dagegen, wenn in dem einen oder anderen Fall zugegeben wird, dass nicht entschieden werden kann, welcher Pilz das ist. Niemand kennt wirklich alle! Wir sind auch der Meinung, dass man sich die Kenntnis von Pilzen Schritt für Schritt, also Pilz für Pilz, aneignen sollte, um diese bald sicher erkennen zu können. Sie werden nichts lernen, wenn ein sogenannter Fachmann die Pilze in die Höhe hält und das, was die Gruppe alles gesammelt hat, kurz bewertet. Um Ihre Kenntnisse zu erweitern, lohnt es sich, auf Märkte oder in Gemüsehandlungen zu gehen, um sich dort Pilze genau anzuschauen. Kleiner Zusatztipp: Besonders interessante Pilze sehen Sie bei Händlern mit „mit Migrationshintergrund".

Bestimmungsmerkmale

Als erstes sollte der Standort registriert werden: Gras, nackte Erde, Laub, Dung, altes Holz, am lebenden Baum und ob der Boden sauer, kalkig oder sandig ist. Es werden der Hut, das Fleisch, der Stiel, die Lamellen bzw. Röhren beurteilt: der Hut in seiner Größe, Farbe, Form und Beschaffenheit, der Stiel in seiner Länge, Form, Farbe, Form der Stielbasis, Vorhandensein einer Knolle und eines Ringes. Das Fleisch wird kleinteilig angeschnitten, um die evtl. Farbentwicklung zu beurteilen, ob es faserig, saftig ist und ob es milcht. Lamellen oder Röhren werden ebenso nach der Farbe, der Form sowie der Art der Befestigung am Hut beurteilt

Verarbeitung und Aufbewahrung

Wie säubert man die Pilze? Die Erde an der Wurzel wird mit dem Pinsel vorsichtig entfernt, von Schnecken und Würmern befallene Stellen werden abgeschnitten (Steinpilze, die etwas abgefressen sind, können noch sehr gute Stellen haben). Schmierige Huthäute, die etwas unansehnlich sind, vorsichtig mit dem Messer abheben. Röhren können leicht mit dem Fingernagel unter dem Hut angehoben und dann abgelöst werden, was irgendwie ein fast sinnliches Vergnügen ist. Angst vor dem Fuchsbandwurm braucht man eigentlich nicht zu haben, da die Pilze immer gut durchgegart werden müssen, wobei der Steinpilz der einzige ist, den man roh unverzagt, möglichst in dünne Scheibchen gehobelt, essen kann. Wenn Sie Angst haben, könnten Sie diesen waschen, aber lassen Sie ihn wieder trocken werden, geschmacklich wird er durch das Wasser beeinträchtigt. Alle anderen Pilze werden eh gebraten oder gekocht und sind damit dann auch unbelastet und müssen nur von Erde befreit werden. Wir fürchten uns vor ganz anderen Dingen in dieser Welt – von Kriegen bis zu drohenden Klimakatastrophen –, da landet der Fuchsbandwurm irgendwie ganz hinten in der langen Rangreihe...

Anbau und Zucht

Kommerziell wird vor allem der Champignon angebaut, mit fast 60.000 Tonnen bei uns der beliebteste Speisepilz. Für den Hobby-Züchter gibt es Sets im Handel, die alles für eine mehr oder minder erfolgreiche Zucht enthalten. Dabei werden Holzreste oder Stroh mit Pilzmycel beimpft und anschließend gut befeuchtet. Dann muss eine bestimmte Temperatur eingehalten werden. Je nach Sorte kann nach einigen Wochen geerntet werden. Ganz schlaue Profipilzzüchter haben sich auf Mülldeponien eingerichtet. Dort nutzen sie die Abwärme, um eine gewünschte Temperatur zu erreichen. Die Substrate – so nennt man die geimpften Holz- oder Strohstücke – werden dann in Plastikfolie gesteckt. Schon wenige Wochen später verspricht dieses energiesparende Modell reiche Ernte.
Professionelle Züchter beschäftigen sich mit dem Anbau von „neuen" Pilzsorten, die es bisher nur im Wald zu finden gab. Es ist damit zu rechnen, dass in den kommenden Jahren mehr Zuchtpilzsorten auf den Markt kommen werden. In Australien etwa hat man vor einigen Jahren mit der Zucht von Wintertrüffeln begonnen. Diese werden neuerdings in verkaufsfähigen Mengen auf dem deutschen Markt angeboten. Sie werden den qualitativ etwas mickrigen Sommertrüffeln aus Südeuropa kräftig Konkurrenz machen. Die Liebhaber der Wintertrüffel hoffen, dass durch diese Importe die Preise für die teure Delikatesse etwas nachgeben werden.

Aussehen: Der glatte Hut ist halbrund, wird 15 bis 20 cm breit und verflacht später. Die Farbe variiert von schmutziggrau bis gelbbraun, auch rötlich bis dunkelbraun. Die Röhren sind anfangs fast strahlend weiß, später gräulicher. Sie bauschen sich nach unten etwas auf und sind am Stiel eingebuchtet. Der Stiel ist ca. 3 cm breit und wird zum Hut hin schmaler. Gut erkennbar sind die braunen bis dunklen Schüppchen auf dem Stiel, die wie mit dunkler Tinte bespritzt aussehen und gut tastbar sind.

Geschmack: Mild, etwas säuerlich.

Wo suchen, wo finden: Der Birkenpilz lebt in Gemeinschaft mit der Birke auf eher kalkigen Böden, wobei er die Nähe zum Baum großzügig bemisst. Er kann dicht bei dicht stehen. Wenn auch noch feuchtes Gras oder ein Moor in der Nähe zu sichten ist, sollte man zugreifen. Es kann sich dann um einen Moorbirkenpilz mit blasserer Huthaut handeln, der ebenso essbar ist und gut schmeckt.

Umgang und Verarbeitung: Die Röhren sind häufig madig, daher sollten sie gleich entfernt werden. Dabei sind sie leicht zu lösen. Den Pilz nur mit dem Pinsel säubern, Erdreste entfernen und nicht waschen, sonst verliert er an Geschmack. Den evtl. holzigen Stiel nicht verwerten.
Da der Pilz etwas schwammig ist, lässt er sich nicht gut trocknen, besonders wenn er älter ist.

Geschichte/n: In manchen Gegenden wird er auch als „Kapuziner“ oder „Pfaffenkopf“ bezeichnet, mutet doch dieser Pilz gerade wie ein kleines Kapuzinermönchlein an.
Ein anderer anschaulicher Name ist „Jagdhaxn“, was auf die schwarz behaarten Beine eines männlichen Jägers hindeuten soll.

Birkenpilz

Tipps: Der Birkenpilz wird nicht in der Top-Riege der Speisepilze gesehen, vermutlich wegen seines etwas unansehnlichen Äußeren.

Verwechslung: Man kann diesen Pilz kaum mit einem giftigen Pilz verwechseln, berücksichtigt man den Standort unter Birken, die bräunliche Kappe und den unverwechselbaren Stiel mit den dunklen Schüppchen. Also ein Pilz für Anfänger!

Aussehen: Der Butterröhrling, ein Schmierlingsröhrling, imponiert durch die schmierige Huthaut, die auch bei Trockenheit feucht und leicht abzuziehen ist. Der junge, kompakte Pilz hat einen hell- bis dunkelbraunen, ins Violett gehenden, bis zu 15 cm breiten Hut, ist anfangs halbkugelig und wird dann flacher. Der gemaserte Hut ist anfangs mit einer schleimigen Schutzhülle (Velum) überzogen, der bei Wachstum aufreißt und dann als Ring am Stiel zu erkennen ist. Die Reste der Schutzhülle kleben dann an dem Hutrand. Die Unterseite des Stielrings ist dunkelviolett. Die Röhren sind anfangs butter- oder zitronengelb. Sie sind am Stiel angewachsen und manchmal herablaufend. Der bis zu 10 cm große und 3 cm breite Stiel ist unterhalb des Rings schleimig und dort braun, oberhalb weißlich mit dunklen Pünktchen. Das Sporenpulver ist ocker- oder zimtfarben. Die Sporen sind rundlich.

Geschmack: Der Pilz ist mild und leicht säuerlich; ein guter Speisepilz, allerdings mit sehr weichem Fleisch, was nicht jeder mag.

Wo suchen, wo finden: Ein häufiger, gesellig im Norden wie im Süden auftretender Pilz, der nur unter meist jungen Kiefern auf sandigem Boden von Mai bis November zu finden ist.

Umgang und Verarbeitung: Die Huthaut sollte sofort abgezogen werden, auch weil häufig Nadeln daran kleben. Dieser Pilz verdirbt leicht, kann kaum getrocknet werden und eignet sich auch nicht für den Kühlschrank. Da er leicht verrottet, sollte der Pilz sofort verwendet werden. Er kann aber auch in Scheiben geschnitten eingefroren werden. Zum Kochen ist er nicht geeignet. Er darf nicht roh gegessen werden. Es soll aber allergische Reaktionen nach dem Genuss gebratener Pilze gegeben haben. Diese werden der schleimigen Schutzhülle zugesprochen, deshalb diese unbedingt entfernen. Falls nach dem ersten Verzehr Magen-Darm-Probleme auftreten wie Erbrechen und Durchfall, sollte dieser Pilz künftig gemieden werden. Probieren Sie deshalb zunächst nur eine kleine Menge.

Butterröhrling

Geschichte: Den Namen Butterpilz verdankt er vermutlich der weichen und cremigen Konsistenz seines Hutes.

Tipps: Da dieser Pilz besonders unter jungen Kiefern zu finden ist, müssen Sie sich richtig „in die Büsche" schlagen. Dabei sollte man ein Zeckenschutzmittel nicht vergessen.

Verwechslung: Es sind keine giftigen Vertreter bekannt, die mit diesem Pilz verwechselt werden könnten. Ähnliche Röhrlinge wie zum Beispiel der Goldröhrling sind alle essbar und bergen keine Gefahren.

Aussehen: Der beim jungen Pilz noch bis zum Stiel überstehende Hut wird dann flacher und löst sich vom Stiel; der Hutrand bleibt etwas überstehend. Bei Feuchtigkeit wird der oft leuchtend orangerot bis bräunliche, bis zu 20 cm große Hut schmierig, sonst ist er samtig. Die jung weißen, später schmutziger werdenden Röhren, die sich leicht lösen lassen, sind am Stiel ausgebuchtet und polsterartig.
Die kleinen, rundlichen Poren sind anfangs weiß, später olivbraun, so wie auch das Sporenpulver gefärbt ist. Der bis zu 20 cm große und 4 cm breite zylindrische Stiel kann sich nach oben hin verjüngen, ist anfangs mit kaum zu sehenden Schüppchen versehen, die bei älteren Exemplaren rotbraun werden und abstehen. Das feste, erst im Alter weiche Fleisch ist weiß, wird im Anschnitt langsam graulila bis grauschwarz, während der untere Teil des Stiels sich dabei blaugrün verfärbt.

Geschmack: Der Pilz ist ein ausgezeichneter Speisepilz mit mildem, leicht pilzigem, angenehmem Aroma.

Wo suchen, wo finden: Der Pilz lebt nur in Vergesellschaftung mit der Espe, die auch Zitterpappel genannt wird. Er wächst seltener im Wald, eher schon am Waldrand und in Parks, Gebüschen am Wegesrand im Umland von Städten. Er tritt häufig in Gruppen von Juli bis Oktober auf kalkigen Böden auf.

Umgang und Verarbeitung: Die Röhren sollten noch draußen in der Natur entfernt werden. Mit dem Pilzpinsel vorsichtig die Erde entfernen. Er ist selten vermadet, deshalb muss man ihn nicht anschneiden. Ältere Pilze sollte man stehen lassen.
Da die jüngeren Pilze festes Fleisch vorweisen, kann man sie für alle Verwertungsarten nutzen.
Achtung: Roh gegessen erzeugt dieser Pilz Magen-Darm-Beschwerden!
Das feste Fleisch des jungen Pilzes hält sich im Kühlschrank drei bis vier Tage, geschnitten kann er eingefroren oder gebraten, gekocht oder eingelegt werden. Vor dem Einlegen sollte er durchgegart sein.

Espenrotkappe

Tipps: Eine gezielte Suche ist bei dem selten gewordenen Pilz, wie auch bei anderen Rotkappen, kaum möglich. Man sollte sich nicht auf das Finden von Rotkappen fixieren, sondern sich auf Überraschungsfunde freuen!

Verwechslung: Die Rotkappen sind alle essbar, sie unterscheiden sich in ihrem Äußeren nur teilweise, sind aber erkennbar durch die Symbiose mit einem bestimmten Baum. Gemeinsam ist ihnen die rote bis orangene Kappe. Die ähnliche Eichenrotkappe unterscheidet sich von der Espenrotkappe durch die dunklere, braunrote Hutfarbe.

Aussehen: Ein etwas gruselig aussehender Pilz! Der bis zu 20 cm breite, beim jungen Pilz mehr als halbkugelige Hut, ist trocken, dunkelbraun und wird zum Rand hin heller. In diesem Stadium wirkt der gesamte Pilz kompakt und „knuffig". Der Hut steht etwas über den Röhren. Bei Wachstum verflacht er; der Pilz streckt sich. Die gebuchteten, am Stiel angewachsenen Röhren sind gelb bis oliv, werden aber durch die tief blutroten Poren im Erscheinungsbild verdeckt. Der leicht keulenartige, bauchige, bis zu 15 cm lange und 4 cm breite Stiel ist gelblich und mit dunkelroten Flocken oder Schuppen bedeckt. Diese Röte verliert sich an der Stielbasis und geht ins Olive. Das Sporenpulver ist oliv bis braun. Bei Anschnitt oder Druck zeigt sich sofort eine Schwarzbläue, die vielleicht noch mehr als die rote Farbe erschreckt. Diese Farbe verliert sich nach dem Schnitt – auch beim Braten.

Geschmack: Ein ganz ausgezeichneter Speisepilz mit sanft mildem, pilzigem Geschmack, der fast den Steinpilz übertrifft.

Wo suchen, wo finden: Der Pilz taucht häufiger in höheren Lagen und südlichen Gefilden unter Rotbuchen, Eichen aber auch Fichten auf saurem Boden auf. Er scheint sich zunehmend im Norden und flachen Land heimischer als früher zu fühlen. Heidelbeeren und relativ trockenes Moos gelten auch als Hinweis für den Flockenstieligen Hexenröhrling von Mai bis November. Gesichtet wird er auch an ausgetrockneten Gräben.

Umgang und Verarbeitung: Alle Aufbewahrungsarten für fast alle Teile des Pilzes sind nutzbar, da er selten von Maden befallen ist. Auch ein paar Tage im Kühlschrank hält er aus. Die Röhren sollten entfernt werden, geschnitten kann er getrocknet und eingefroren werden. Dieser Pilz muss sehr lange durchgegart werden, besonders wenn Sie ihn getrocknet haben. Er ist gut essbar, führt aber roh zu Magen-Darm-Beschwerden. Das Fleisch ist eher fest.

Geschichte/n: Das unheimliche Äußere spiegelt sich im Namen wider. Er ist manchen nicht geheuer. Obwohl er als Hexenröhrling bezeichnet wird, bildet er keine Hexenringe. Er wird wegen seiner wildlederartigen Hutoberfläche auch Schusterpilz genannt.

Flockenstieliger Hexenröhrling

Tipps: Dies ist ein Pilz, mit dem auch unerfahrene Sammler beeindrucken können, weil Sie das unheimliche Aussehen nicht vom Sammeln abgehalten hat und Sie so als Kenner dastehen.

Verwechslung: Der Flockenstielige Hexenröhrling ist kaum verwechselbar, wenn man die bei Anschnitt sofortige Schwarzbläue, den dunkelbraunen Hut und die blutroten Flöckchen am Stiel berücksichtigt. Nur wenn man nicht auf mehrere Merkmale achtet, könnte eine Verwechslungsgefahr mit dem giftigen Satansröhrling bestehen. Der jedoch hat eine gänzlich andere Hutfarbe: weißlich, hellgrau. Die im jungen Alter gedrungene Erscheinung mag dem jungen Flockenstieligen Hexenröhrling ähneln. Der auch ähnliche, giftige Prächtige Röhrling findet sich nicht in Europa. Deshalb sollte man sich in fremden Ländern kundig machen!

Aussehen: Der bis zu 12 cm, zuweilen sogar 20 cm große Hut kann grau, rötlich oder auch braun mit samtig filziger Oberfläche sein, die nur bei Feuchtigkeit schmierig wird. Die bei jungen Pilzen noch weißen Röhren werden später rauchig-rosafarben. Die rundlichen Poren sind dann auch rosa getönt. Die Röhren sind bauchig am Stiel angewachsen, schauen unter dem im Alter flacheren Schirm polsterartig hervor und lassen sich leicht lösen. Das Sporenpulver ist ebenfalls rauchrosa. Der bis zu 12 cm große und 5 cm breite, hellbräunliche Stiel ist anfangs noch knollig und verdickt sich nach dem Wachstum zur Basis hin. Der Stiel ist mit einem olivfarbenen, erhabenen Stielnetz überzogen, das gut tastbar ist. Das Fleisch verfärbt sich bei Anschnitt nicht.

Geschmack: Er ist sehr bitter, ersparen Sie sich ausgiebiges Probieren! Verreiben Sie ein Pilzteil zwischen Daumen und Zeigefinger und lecken Sie dann nur an Ihren Fingern. Mehr von diesem Pilz ist nicht zu empfehlen.

Wo suchen, wo finden: Der Gallenröhrling ist weit verbreitet und im Nadel- und Mischwald, in Gärten und Parks, auf trockenen und sauren Böden zu finden. Von Juli bis November kommt er in der Ebene und im Mittelgebirge vor.

Umgang und Verarbeitung: Lassen Sie ihn stehen! Die Bitterstoffe verlieren sich auch beim Kochen nicht; eine Verwertung verbietet sich deshalb. Giftig ist er nicht. Auch kleinste Teile des Gallenröhrlings können aber jedes Pilzgericht verderben.

Geschichte/n: Der Pilz soll früher zur Herstellung von bitteren Likören als Magenbitter verwendet worden sein.

Tipps: Sollten Sie sich nicht ganz sicher sein, so legen Sie gesammelte Exemplare getrennt in ein Extrabeutelchen. Wurde er bereits angeschnitten, um ihn zu testen, sollte das Messer im Anschluss sehr gut gereinigt werden, damit nicht weitere Pilze „kontaminiert“ werden. Deshalb sollte man das Messer mehrere Male ins möglichst feuchte Moos gesteckt und mit einem Tuch abgewischt werden.

Gallenröhrling

Verwechslung: Der Gallenröhrling sieht jung dem Steinpilz sehr ähnlich. Die rosafarbene Röhrenschicht und der Geschmackstest lassen sie sicher unterscheiden. Er ist der einzige Pilz, der rosa Röhren aufweist.

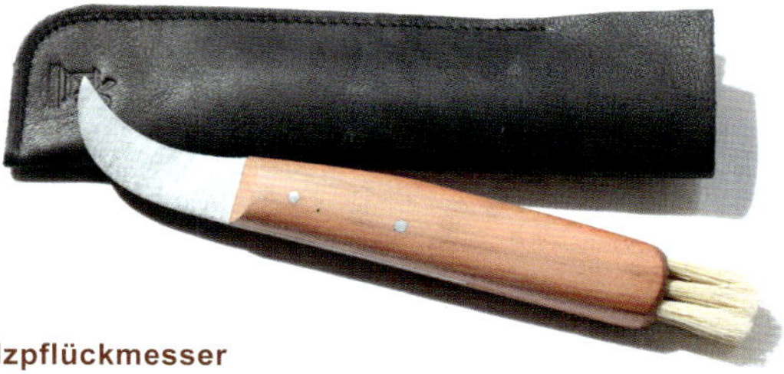

Pilzpflückmesser

Griff aus Pflaumenholz mit Bürste und Etui für 36,- € bei Manufactum

Aussehen: Der Goldröhrling oder Goldgelbe Lärchenröhrling hat einen halbrunden, später flachen Hut, der goldgelb leuchtet und bis zu 12 cm breit wird. Anfangs ist er noch eingerollt und mit einer schmierigen Haut überdeckt, wie auch die Röhren. Bei Wachstum bricht diese Haut auf, verschwindet dann, lässt aber noch eine Ringzone im oberen Stielbereich. Die Röhren, die sich bei Druck leicht röten, sind blassgelb und am Stiel angewachsen. Die Poren sind klein, rundlich und werden zum Stiel hin größer. Das Sporenpulver ist goldbraun bis oliv. Der schlanke, braun-orange, manchmal rötlich wirkende, bis zu 12 cm große und 2 cm breite Stiel, ist im unteren Bereich genetzt und blaut dort bei Anschnitt. Der Pilz ist sehr wässrig.

Geschmack: Dieser Pilz enttäuscht geschmacklich bei einem doch sehr hübschen Aussehen und schmeckt fade.

Wo suchen, wo finden: Der Name verweist auf die Fundstellen: nur unter Lärchen im flachen Land und Gebirge von Juli bis November. Er benötigt keine besonderen Böden, nur die Nähe zur Lärche, begnügt sich aber auch mit alten Lärchennadeln. Dieser Pilz, auch wenn er massenhaft vorhanden ist, sollte nicht bei Regen und auch eher in der Mittagszeit gesammelt werden, da er dann weniger wässrig ist.

Umgang und Verarbeitung: Die Huthaut lässt sich mit einem Messer abziehen, und der Pilz ist darunter seidig zart. Das sollte schon im Wald geschehen, da der Pilz sonst die anderen bereits gesammelten Pilze „vermatscht". Nicht geeignet zum Trocknen oder Einfrieren, auch die Lagerung im Kühlschrank verträgt er nicht, er sollte sofort und mit anderen Pilzen verarbeitet werden. Geben Sie ihn spät zu den bereits in der Pfanne brutzelnden Mischpilzen, möglichst festere wie Steinpilze.

Geschichte/n: Dieser Pilz ist ein Schmierröhrling, was er der „Matschigkeit" verdankt. Damit er auch schmackhaft wird, sollte vor dem Verbrauch die Huthaut immer abgezogen werden.

Goldröhrling (Lärchenröhrling)

Tipps: Sie sollten einmal ausprobieren, ob Sie den Pilz mögen, um ihn dann bei späteren Wanderungen vielleicht stehen zu lassen. Er kann dann andere mit seiner auffälligen Farbe erfreuen. Falls Sie ihn sammeln, sollten Sie ihn getrennt von anderen in einen Exrabehälter wegen seiner möglichen Verflüssigung legen.

Verwechslung: Kann nicht mit Giftpilzen verwechselt werden, beachtet man den Standort unter Lärchen, den schleimigen Hut sowie die Ringzone. Auch wenn er geschmacklich nicht heraussticht, ist er ein Pilz für Anfänger, da er so eindeutig zu erkennen ist.

Aussehen: Die Heiderotkappe ist wie die anderen Rotkappen (Espenrotkappe, Eichenrotkappe, Birkenrotkappe) durch die Farbe des Hutes erkennbar, von zinnoberrot, leuchtendgelb, orange bis ziegelrotbräunlich. Das Leuchtende verliert sich im Alter. Ein eindrucksvoller Pilz mit einem bis zu 15 cm großen Hut, der halb gewölbt ist und später flacher wird. Er ist filzig, glatt und trocken und nur bei feuchtem Wetter schmierig. Der Hutrand steht über die Röhren hinweg.
Die weißen bis hellsandfarbenen Röhren, die sich im Anschnitt etwas röten, vertiefen sich zum Stiel hin. Die kleinen, grauen, später gelblichen Poren röten sich bei Druck.
Das Sporenpulver ist gelb bis oliv. Der bis zu 20 cm lange und 4 cm breite, häufig krumme, im Grund weißliche Stiel mit einer leichten Verdickung nach unten hin ist mit sehr dunklen, flockigen Schüppchen bedeckt und wird grünblau beim Anschnitt. Das Fleisch ist erst weiß, wird dann rosa-violett, während die Stielbasis bläulich-grün erscheint und dann schwärzlich wird.

Geschmack: Sehr pilzig, mild und schmackhaft.

Wo suchen, wo finden: Er ist in Mischwäldern, besonders unter Birken, auf sandigem, saurem Boden oft in der Heidelandschaft, in der Ebene und im Mittelgebirge von Juni bis Oktober zu finden. Gern in der Nähe: Erika- und Blaubeerpflanzen. Doch leider wird die Heiderotkappe hierzulande mehr und mehr zur Rarität.

Umgang und Verarbeitung: Da die Röhren relativ fest sind, können sie mit verwertet werden. Zum Trocknen sollten die Röhren abgehoben werden. Waschen Sie ihn nicht, sondern entfernen Sie die Erdreste mit dem Pinsel oder mit einem Tuch, notfalls auch mit dem Messer.
Die Heiderotkappe hält sich im Kühlschrank mehrere Tage. Sie kann geschnitten getrocknet oder eingefroren werden. Der Pilz eignet sich gut dazu, mit anderen kochbaren Pilzen zu einer Suppe verarbeitet zu werden.

Heiderotkappe

Geschichte/n: Nicht erschrecken: Beim Kochen und Braten wird dieser Pilz schwarz.

Tipps: Da er bei uns eher selten geworden ist, sollte man sich an ihm erfreuen und nur wenige sammeln. Mitnehmen nur bei trockenem Wetter, denn nass verliert er sein Aroma.

Verwechslung: Es gibt einige andere Rotkappenröhrlinge, je nachdem mit welchem Baum sie in Symbiose leben. Hier sind insbesondere die Espenrotkappe und die Eichenrotkappe zu nennen, beides sehr gute Speisepilze. Verwechslungen mit giftigen Vertretern sind kaum möglich.

Aussehen: Der kleine Kuhröhrling, ein Schmierröhrling, weist einen etwas gewölbten bis zu 6 cm breiten, anfangs hellsandfarbenen, später ockerbraunen, häufig eingedellten Hut mit einem weißen Rand auf, der am Rand zuerst noch eingerollt ist. Der manchmal in der Mitte vertiefte Hut ist schmierig, dessen Haut lässt sich aber gut abziehen. Farblich variiert er zwischen zimt- und kupferrotbraun. Die weitlöchrigen, graugelben, später rötlichen bis olivfarbenen Röhren scheinen mit dem Hutfleisch verwachsen und sind am Stiel etwas herablaufend.
Das Sporenpulver ist blass olivbraun bis zimtig. Der bis zu 8 cm große und 1,5 cm schlanke, auch verbogene, aber glatte, längsgefaserte Stiel ist unter dem Hut manchmal gar nicht zu sehen. Er ist etwas heller als der Hut und mit feinen Flöckchen bedeckt. Später verkahlt der Stiel und wird zäher. Das Fleisch ist hellgelblich, auch bräunlich. Nach dem Anschnitt wird er etwas rötlich.

Geschmack: Mild und leicht säuerlich.

Wo suchen, wo finden: Der Pilz ist weltweit verbreitet, selbst in Asien. Er wächst häufig in Scharen, auch büschelig unter Kiefern auf sauren Sandböden, gerne in der Heide und in Mooren; manchmal in Hexenringen von Juni bis November.

Umgang und Verarbeitung: Es sollten nur junge Pilze gesammelt werden, die älteren sind zu zäh und die Stiele meist vermadet. Die Huthaut sollte abgezogen werden. Wenn Sie die Röhren entfernen, was schwierig ist, bleibt vom Pilz nicht mehr viel übrig. Sie sollten nur die Hüte verwerten und dies so bald wie möglich – nicht im Kühlschrank aufbewahren! Trocknen ist möglich, lohnt sich aber kaum.
Dieser Pilz ergibt wenig Fleisch beim Braten; gekocht sollte er nicht werden. Erschrecken Sie nicht, denn beim Braten verfärbt sich der Pilz rot.

Kuhröhrling

Geschichte/n: Der Name soll von der Farbe der bräunlichen Kuh herrühren. Weshalb er auch Schweinepilz genannt wird (lat. Suillus = Schwein), erschließt sich möglicherweise daraus, dass er farblich dem Borstenvieh ähnelt.

Tipps: Wegen des Madenbefalls sollten bereits im Wald die Stiele entfernt werden, damit deren Maden sich nicht über die bereits gesammelten Pilze hermachen.

Verwechslung: Er kann mit dem ebenso essbaren Sandröhrling verwechselt werden. Der ist aber doch sehr viel schmieriger als der Kuhröhrling.

Aussehen: Der braune bis ockerfarbene Hut ist anfangs kugelig, später flach und wird bis zu 20 cm breit, gelegentlich auch noch größer. Die Huthaut ist samtig, besonders nach Regen kann sie glatt bis schmierig werden. Der Stiel, der oft horizontale Streifen aber kein Netz aufweist, ist manchmal gebogen und farblich etwas blasser als der Hut. Die bei jungen Pilzen weißlichen Röhren verändern sich im Alter bis hin zu gelb-grünlichen Tönen. Schnittstellen zeigen sofort eine Bläuung, die aber wieder verblasst.

Geschmack: Der Pilz schmeckt mild, nussig und hat den typischen Pilzgeruch.

Wo suchen, wo finden: Unter Nadelbäumen, im Moos, unter Farnen und manchmal direkt auf morschem Holz wachsend. Er ist weit verbreitet, in flacher und auch bergiger Gegend. Er ist häufig in Gruppen zu finden, oft schon von Juni bis November.

Umgang und Verarbeitung: Die bei Anschnitt blauenden Röhren lassen sich gut lösen. Die Marone kann roh gekostet, sollte aber nicht roh zu einer ganzen Mahlzeit verarbeitet werden. Sie hält sich im Kühlschrank höchstens zwei Tage, vorher sollten die Röhren entfernt werden. Zum Einfrieren, Trocknen oder Braten sollte sie in Scheiben geschnitten werden. Die Marone wird beim Braten sehr weich und braucht die Gesellschaft von Zwiebeln oder Lauch. Am besten man mischt z.B. Steinpilze oder andere feste Pilze unter das Gericht.

Verwechslung: Die Marone kann mit dem bitteren, aber nicht giftigen Gallenröhrling verwechselt werden (s.S. 21). Weil die Marone bei einem Anschnitt blaut, lässt sie sich gut vom Steinpilz unterscheiden.

Marone

Tipps: Leider werden die Maronen bei der Zubereitung matschig und glitschig, das ist nicht jedermanns Sache. Deshalb eignet sich dieser Pilz nicht als Einstieg in den Pilzgenuss.

Geschichte/n: Die Marone wurde 2003 zum Pilz des Monats in Norwegen ernannt. Zitiert wird dabei ein Gedicht (Urheber unbekannt):

Wo die Erde sauer, dass nichts mehr geht,
wo nur der Aderfarn noch aufrecht steht,
wo mit der Umwelt nichts ist mehr los,
dort wo gedeiht Drahtschmiede und Widertonmoos,
wo nur noch Fichte und Kiefer sind zu sehn,
dort kannst Du den Maronenröhrling pflücken gehn.

Aussehen: Der jung knuffig gedrungene Pilz streckt sich später. Der 15 bis 20 cm breite, konvexe Hut ist jung gelblich-bräunlich mit orangenem, manchmal sogar rosafarbenem Äußeren und kann ganz flach werden. Die älteren Exemplare werden oliv- oder orangebraun, besonders am Rand. Der Hut ist trocken, samtig bis filzig. Die anfangs gelblichen Röhren sind am Stiel ausgebuchtet und werden später kräftig rost-, ziegel- bis blutrot. Die Poren sind anfangs auch gelblich, werden dann aber orangerot, während die Sporen olivbraun sind. Der bis zu 15 cm lange und 4 cm breite Stiel ist anfangs bauchig, später streckt er sich und wird schlanker. Der Stiel ist oben bei den Röhren gelblicher, weiter unten orange- bis stark rot und mit einem längs gezeichneten, dunkleren Netz überzogen, worauf sich der Name bezieht.

Geschmack: Ein sehr schmackhafter Pilz mit festem Fleisch.

Wo suchen, wo finden: Er lebt in Symbiose mit Eichen, Linden und Rotbuchen und ist in lehmigen, kalkreichen Böden von Juni bis November zu finden; selten im Nadelwald, eher an Alleen, Straßenrändern und in Parks.

Umgang und Verarbeitung: Die Röhren lassen sich gut ablösen. Der Stiel sollte mit dem Pilzpinsel gesäubert werden. Im Kühlschrank hält er sich etwa drei Tage, Tiefkühlung sowie Trocknung sind gut möglich. Er sollte keinesfalls roh gegessen und mindestens 20 bis 30 Minuten durchgegart werden.

Geschichte/n: Der Netzstielige Hexenröhrling wird wie der Flockenstielige Hexenröhrling im Bereich des Mystischen angesiedelt, sicher auch durch seine außergewöhnlichen Farben und die tintenhafte Bläuung. Es scheint eine archaisch begründete Vorsicht zu geben, wenn Nahrungsmittel blauschwarz werden.

Netzstieliger Hexenröhrling

Tipps: Dieser Pilz stand längere Zeit in dem Verdacht, bei gleichzeitigem Alkoholgenuss Magen-Darm-Beschwerden zu entwickeln. Dieser Verdacht lässt sich nicht mehr halten.

Verwechslung: Er kann mit dem giftigen Satansröhrling verwechselt werden. Der Netzstielige Hexenröhrling hat aber eine braunere bis orangenere-rote Hutfärbung. Er lässt sich eindeutig vom Satansröhrling durch die rote Linie zwischen den Röhren und dem Hut unterscheiden, wenn er längs durchschnitten wird.

Aussehen: Der Pfefferröhrling ist ein zarter, zerbrechlich aussehender Röhrling, bis zu 6 cm klein, dessen anfangs nicht ganz halbkugeliger, später flachere Hut bei Nässe klebrig ist, ansonsten trocken und manchmal aufgerissen. Er ist hellbraun bis orangerot und hat einen scharfen Rand. Die zuerst fuchsroten, orangenen, später rostbraunen Röhren sind am Stiel angewachsen, manchmal herablaufend. Die weitlöchrigen, runden bis eckigen Poren sind gut erkennbar. Der bis zu 7 cm lange und ca. 1 cm breite, glatte Stiel, der wie der Hut gefärbt ist, erscheint mehr wie ein Stängelchen, der sich zur Stielbasis verjüngt und bei Madenbefall abgeknickt sein kann. Das Fleisch des Hutes ist rötlichbraun, das des Stiels gelblich.

Geschmack: Roh schmeckt der Pilz sehr pfeffrig und würzig, woher sich auch der Name erklärt. Beim Kochen verliert sich die Schärfe etwas.

Wo suchen, wo finden: Ein sehr häufiger Pilz, den man auch schon in Scharen in der Nähe von Stein- und Fliegenpilzen gesehen hat. Er kommt mit sauren und auch kalkhaltigen Böden klar, in flacher und bergiger Region bei jungen Nadelbäumen, seltener im Laubwald, von Juni bis November.

Umgang und Verarbeitung: Die Röhren lassen sich nicht gut entfernen, versuchen Sie es trotzdem. Man kann sie aber mittrocknen. Dieser Pilz ist einmalig wegen seiner Pfeffrigkeit. Der Pfefferröhrling gilt nicht als Speisepilz, kann aber doch gut als Würze verwertet werden. Einfrieren lohnt sich nicht.

Geschichte/n: Der echte Pfeffer war in früheren Jahrhunderten nur den Wohlhabenden zugänglich, weil er sehr teuer war. Vorstellbar ist, dass der Pfefferröhrling dem gemeinen Volk einen Ersatz geboten haben mag.

Pfefferröhrling

Tipps: Sollten Sie Pfefferröhrlinge sichten, kriechen Sie weiter ins Unterholz: Dort warten evtl. die Steinpilze auf Sie! Diesen Pilz könnten Sie zum weiteren Verbrauch mit einer Nadel auf einen Faden ziehen. Dann hängen sie ihn in der Küche zum Trocknen auf, damit Sie auch daran denken, mit ihm zu würzen.

Verwechslung: Obwohl der Pilz einmalig zu sein scheint, könnte er unter Umständen mit dem auch in gleicher Weise zu verwendenden, sehr seltenen Kurzsporigen Zwergröhrling verwechselt werden, dessen Röhren aber purpurrot sind und der unter Laubbäumen wächst.

Aussehen: Der Name verweist auf die Farbe des Stiels. Der rötlich-braune, bis zu 10 cm große Hut ist anfangs noch rund, während er später verflacht oder sich unregelmäßig wellt. Die Färbung des Hutes verändert sich auch durch Trockenheit, er reißt dann auf und zeigt eine rote Verfärbung. Diese rote Farbe zeigt sich auch, wenn Sie die noch intakte, samtige und trockene Huthaut abheben; er wird auch nicht schmierig bei Regen. Das Fleisch ist weiß bis sanftgelb und wird bei Verletzung leicht blau. Die lochartigen, weiten, eckigen Poren sind mit bloßem Auge gut zu erkennen; die Röhren sind gelb, später oliv. Auch das Sporenpulver ist oliv bis braun. Der oft krumme, eher zierliche bis zu 10 cm lange und 2 cm breite Stiel hat rötlich herablaufende Linien. Bei Madenbefall oder älteren Pilzen ist er häufig abgeknickt.

Geschmack: Der Geruch ist wenig markant, dabei nicht unangenehm. Auch der Geschmack ist nicht aufregend, nur etwas säuerlich.

Wo suchen, wo finden: Außer auf Wiesen tritt dieser Pilz im Nadel-, Buchen-, Eichen- und Mischwald zwischen alten Blättern auf eher trockenen, sauren Böden von Juni bis November auf.

Umgang und Verarbeitung: Die Röhren sollten so bald wie möglich entfernt werden, ebenso der häufig madige Stiel. Der Pilz wird wie die anderen Röhrenpilze in Scheiben geschnitten und kann auch getrocknet (ohne Röhren und Stiel) und eingefroren werden. Die Verarbeitung sollte aber schnell erfolgen, da der Pilz schnell verfault und dann unbrauchbar wird.
Der Pilz sollte am selben Tag verwertet werden, im Kühlschrank hält er sich kaum. Da er geschmacklich nicht besonders hervorsticht, sollte man ihn in einem Mischpilzgericht unterbringen, er füllt aber die Pfanne. Beim Kochen wird er schmierig.

Geschichte/n: In früheren Jahrhunderten diente dieser Pilz zum Rotfärben von Tuch und Wolle.

Rotfußröhrling

Tipps: Da der Pilz recht trocken ist, verbacken sich die Röhren mit dem Hut, sodass es nach unserer Erfahrung bei älteren Pilzen schwierig wird, die Röhren vom Hut zu befreien. Deshalb sollten Sie nur junge Exemplare sammeln.

Verwechslung: Gelegentlich wird dieser Pilz mit dem roh giftigen Schönfußröhrling verwechselt, evtl. weil er einen fast dunkelroten Stiel hat. Die Farbe des Hutes unterscheidet sich aber: Er ist beim Schönfußröhrling graubraun bis blass und der Stiel breit und auch bauchig nach unten hin mit einem feinen Netz überzogen. Er kommt eher in bergiger Landschaft vor, in Norddeutschland äußerst selten.

Aussehen: Der giftige Satansröhrling ist ein anfänglich gedrungener, dickstieliger Pilz mit einem bis zu 20 cm breiten, jung halbkugeligem, später gewölbtem und ausgebreitetem, etwas filzigem bis klebrigem Hut. Er ist hell bis schmutziggrau, aber auch grauweiß gefärbt und überlappt teilweise die Röhren. Die am Stiel abgerundeten, blutroten Röhren sind anfangs noch blassgelb bis grün, ebenso die kleinen Poren, die anfangs auch gelblich, dann aber dunkelrot werden, auf Druck aber etwas blauend.
Das Sporenpulver ist oliv. Der bis zu 12 cm hohe und 10 cm dicke Stiel ist anfangs bauchig oder kugelig, streckt sich dann etwas. Er ist im oberen Teil hellgelb und mit einem rötlichen Netz versehen, während er zur Basis hin auffallend rot wird. Auf Druck wird der Stiel langsam grünblau. Das Fleisch ist fest, weiß bis gelb und nur schwach blauend, im Hut strohgelb.

Geschmack: Der Geruch ist nicht aromatisch, ältere Exemplare riechen eklig. Der Geschmack soll überraschend mild sein. Es ist ungefährlich ein Stückchen zu probieren, aber bitte ausspucken!

Wo suchen, wo finden: Der Satanspilz liebt die Wärme und ist deshalb im Norden eher nicht anzutreffen, sondern im Süden Europas, auch im Schwarzwald. Er ist selten und sollte geschont werden. Der Satansröhrling steht im Laubwald unter Eichen und Buchen, auch unter Haselbusch und Hainbuche auf kalkhaltigen Böden von August bis September.

Verwechslung: Manche könnten ihn mit dem Netzstieligen Hexenröhrling verwechseln, der grauweiße Hut sollte aber doch ein genügendes Unterscheidungsmerkmal sein, abgesehen vom unangenehmen Geruch des Satanspilzes. Auch blaut der Netzstielige Hexenröhrling sehr schnell an, was der Satanspilz nicht im vergleichbaren Maße tut. Der ebenfalls ähnliche Schönfußröhrling unterscheidet sich vom Satanspilz durch seine gelben Röhrenmündungen, ist roh giftig, aber auch gebraten oder gekocht wegen seiner Bitterkeit ungenießbar.
Der Schönfußröhrling kommt eher im Mittelgebirge vor, scheint sich aber auch mehr und mehr im Norden anzusiedeln.

Satansröhrling

Umgang und Verarbeitung: Stehen lassen und nur fotografieren! Es gibt keine Verwertung.

Tipps: Dieser Pilz ist nicht tödlich giftig, aber verursacht doch heftige Beschwerden, die besonders für vorgeschädigte Menschen gefährlich sind.

Geschichte/n: Da wir im Norden zusehends wärmere Jahreszeiten haben, kann man damit rechnen, dass dieser Pilz auch in den nördlichen Gefilden bald häufiger anzutreffen ist.
In einem Kinderbuch über den Fliegenpilz ist folgender Teil eines Gedichtes von Maika Tyszkiewicz und Tini Spiegel zu finden:

Der Satanspilz, bös und verachtet
dem Menschen nach dem Leben trachtet.
Er wächst im Walde überall,
und dieses ist verhängnisvoll.
Groß, braun und stattlich, wunderschön,
kann man ihn schwer nur übersehn.
Drum muss man alle Menschen warnen,
er tut sich gern als Steinpilz tarnen.

Aussehen: Der hell- bis dunkelbraune Hut ist gewölbt wie eine halbe Kugel; später wird er flacher. Die Oberfläche ist samtig-seiden, selten schmierig. Sie kann daumenkuppengroß sein, aber auch 30 cm Durchmesser erreichen. Der weißliche bis hellbraune Stiel, der mit einem feinen, dunkleren Adernetz überzogen ist, erinnert an eine Keule mit einer Verdickung zur Wurzel hin. Die weißen bis gelblich-grünlichen Sporen an der Unterseite des Hutes sind relativ fest. Bei Anschnitt blaut der Steinpilz nicht wie andere Röhrlinge.

Geschmack: Ein Pilz mit mildem, etwas süßlichem, nussigem Geschmack und angenehmem Pilzgeruch.

Wo suchen, wo finden: Der Fichtensteinpilz ist ein Begleitpilz der Fichte, wächst von August bis November unter Nadelbäumen und im Mischwald. Der hellere, ansonsten gleiche Sommersteinpilz wird schon Ende April gesehen.

Umgang und Verarbeitung: Mit dem Pinsel säubern, nicht waschen, in Scheiben geschnitten kann er eingefroren und getrocknet werden. Intakte rohe Pilze halten sich ca. eine Woche im Kühlschrank. Vereinzelt wird beobachtet, dass der rohe Verzehr zu Magen-Darm-Problemen führt, was an sich nicht gefährlich ist. Dann sollte man aber in Zukunft darauf verzichten. Er kann gebraten, gekocht und mariniert werden. Der Steinpilz kann sehr dünn geraspelt und roh über Gerichte gestreut werden. Die Röhren können, falls der Pilz jung ist, mitgebraten werden, da sie dann noch fest sind. Der Steinpilz hat zwar wie andere Pilze auch wenig Kalorien, saugt aber beim Braten das Fett auf, sodass sich dieser Vorteil ein wenig reduziert.

Geschichte/n: Der Steinpilz war früher ein Essen für „arme Leute“. Er wurde gesammelt und getrocknet, um für die Wintermonate Vorräte zu haben. Wir haben in den baltischen Staaten und Polen ältere Menschen auf dem Markt getroffen, die selbst gesammelte Pilze anbieten, um so ihre Rente aufzubessern. Heute kann man eher behaupten, er sei etwas für wohlhabende Leute: Er ist sehr teuer.

Steinpilz (Fichtensteinpilz)

Tipps: Fliegenpilze sind Hinweise auf Steinpilze. Es wird behauptet, dass der Steinpilz sich aus der Stadt zurückgezogen habe. Das können wir nicht bestätigen: Fundorte waren in den letzten Jahren auch Friedhöfe, Rasen vor Krankenhäusern und Kleingärten. Vermadete Pilze sollten stehen gelassen werden.

Verwechslung: Der Steinpilz kann mit dem sehr bitteren Gallenröhrling verwechselt werden, der aber einen gräulicheren Hut hat. Dieser ist zwar nicht giftig, aber äußerst eklig im Geschmack. Deshalb sollte man ein Stück Pilz in der Hand reiben und dann mit der Zunge daran lecken. Das reicht, um ihn zu erkennen!

Aussehen: Die Ziegenlippe ist farblich bestechend schön und sticht durch die Samtigkeit ihres Hutes hervor. Der hellbraun bis gelb-olive Hut ist anfangs gewölbt und breitet sich später aus, wird aber nie ganz flach. Die Röhren, die leicht ablösbar sind und bei Anschnitt kaum blauen, sind auffällig zitronengelb und am Stiel etwas eingebuchtet. Die eckigen Poren weiten sich zum Stiel hin. Der bis zu 10 cm lange und ca. 2 cm schlanke Stiel kommt gerade oder verbogen daher, ist gelb-braun oder rötlich. Er weist zuweilen erkennbar horizontale Fasern, auch weiß punktiert, auf. Die Sporen sind oliv-braun. Das feste Fleisch blaut bei Anschnitt kaum.

Geschmack: Er riecht unauffällig, sein Geschmack ist mild und sanft würzig.

Wo suchen, wo finden: Er ist von Juni bis November im sauren Nadel- und Mischwald, im Flachland und im Mittelgebirge, insbesondere in der Nähe von Heidelbeeren, zu finden.

Umgang und Verarbeitung: Da dieser Pilz trocken ist, ist er gut aufzubewahren, auch im Kühlschrank für einige Tage. Er kann geschnitten getrocknet und auch eingefroren werden, sollte aber roh nicht mariniert werden.

Pilzige Pracht: Wochenmarktimpressionen

Ziegenlippe

Geschichte/n: Die Ziegenlippe wird auch Filziger Röhrling oder Mooshäupterl je nach Standort genannt.

Tipps: Es ist ein sinnliches Erleben, die Augen zu schließen und mit den Fingern über den Pilz zu streichen und dessen besondere Samtigkeit zu spüren – eben wie eine Ziegenlippe.

Verwechslung: Verwechslungen mit giftigen Pilzen sind kaum möglich, da er so eindeutig in seinem Erscheinungsbild ist. Sehr unerfahrene Sammler verwechseln ihn evtl. mit dem essbaren Rotfußröhrling, wenn dieser wenig Rottöne zeigt. Wenn ein watteschimmelartiger Pilz auf der Ziegenlippe mit goldgelber Färbung zu sehen ist, ist dies ein Schlauchpilz; dann sollten Sie ihn nicht einsammeln.

Aussehen: Der 5 bis 10 cm breite, anfangs eingerollte, später flache Hut ist wie eine Muschel geformt. Der kahle, filzige Rand des Hutes ist eingebogen und kann eingerissen sein. Jung ist er dunkel- bis schiefergrau, auch bläulich, und er wird im Alter heller und brauner. Die Oberfläche ist glänzend und bei Feuchtigkeit klebrig. Die cremeweißen bis hellgrauen, später gelblichen, dicht stehenden Lamellen sind zur Basis hin gabelig verzweigt und am Stiel herablaufend.
Der 1 bis 3 cm breite und 1 bis 2 cm dicke Stiel ist sehr kurz, seitlich versetzt gewachsen und manchmal nicht als solcher zu erkennen. Er ist weiß, etwas zottig und geht in den Hut über.
Das Sporenpulver ist weiß, die Sporen sind länglich und glatt.
Das jung weiche und elastische Fleisch wird später zäh.

Geschmack: Er riecht würzig und schmeckt angenehm mild.

Wo suchen, wo finden: Er wächst büschelig übereinander und ist auch miteinander verwachsen. Er ist seitlich am Stamm von Buchen, Pappeln und Weiden, am toten und lebenden Holz zu finden. Als Winterpilz kommt er nach den ersten Nachtfrösten von Oktober bis März vor.

Umgang und Verarbeitung: Der Stiel wird nicht verwertet. Der Austernseitling hält sich gekühlt tagelang, kann auch eingefroren werden. Trocknen sollte man ihn nicht.

Geschichte/n: Wegen seines festen und hellen Fleisches wird er auch Kalbfleischpilz genannt. Er kann problemlos angebaut werden und kommt als Zuchtpilz in den Handel.

Tipps: Man kann sich Zuchtmaterial im Fachhandel bestellen und selbst diese Pilze auf Stroh oder Rindenmulch züchten. Da dieser Pilz nicht allzu häufig in der Natur entdeckt wird und er in Supermärkten verkauft wird, ist es nicht aufregend, diesen Pilz zu suchen. Das gilt auch für andere im Handel erhältliche Pilze, die gezüchtet werden können,wie beispielsweise Champignons.

Austernseitling

Verwechslung: Er kann mit dem essbaren Rillstieligen Seitling und dem Gelbstieligen Muschelseitling verwechselt werden. Der Gelbstielige Muschelseitling hat aber einen gelben Stiel und gelbe Lamellen. Er ist wegen seiner Bitterkeit nicht genießbar, giftig ist er nicht.

Aussehen: Der blassrosa, fleischfarbene Hut des Pilzes hat purpurne, rote oder lachsfarbene Flecken. Der Hutrand ist grünlich. Die Flecken sind in konzentrischen Ringen auf dem Hut angeordnet. Er ist anfangs flach gewölbt mit eingerolltem Rand, wird später flacher mit trichterförmig eingedrückter Mitte und weniger eingerolltem Rand. Er ist 4 bis 10 cm breit.
Die hutfarbenen, etwas herablaufenden, am Stiel angewachsenen, dichten Lamellen werden bei Verletzung durch die austretende karottenrote Milch entsprechend gefärbt. Auf Druck werden sie grünlich, nicht rot.
Der 3 bis 6 cm kurze brüchige, Stiel ist creme- bis lachsfarben oder orange-fleckig. Er verjüngt sich zur abgerundeten Basis hin und wird im Alter hohl. Am Übergang vom Stiel zu den Lamellen ist eine weiße Zone zu erkennen. Das Sporenpulver ist hell-ocker, die Sporen sind elliptisch und netzig. Das blass-gelbliche, feste, brüchige Fleisch wird auch bei Anschnitt durch die austretende Milch karottengelb/rot, dann graugrünlich.

Geschmack: Der Geruch ist angenehm fruchtig, der Geschmack mild und etwas bitter.

Wo suchen, wo finden: Der Edel-Reizker wächst unter Kiefern auf sand- und kalkhaltigen Böden von August bis November und ist weit verbreitet.

Umgang und Verarbeitung: Es sollte nur der Hut weiter verarbeitet werden; der Stiel ist oft hohl und moosig. Er kann zwei bis drei Tage gekühlt oder in Scheiben geschnitten eingefroren oder gegart mariniert werden. Verwertung in der Küche: Der bittere Geschmack verschwindet beim Durchgaren.

Geschichte/n: Der Name ist slawischen Ursprungs und soll „rötender Pilz“ bedeuten.

Tipps: Nach dem Genuss des Pilzes wird der menschliche Urin rot, das ist nicht besorgniserregend. Am nächsten Tag normalisiert sich die Farbe des Urins.

Edel-Reizker

Verwechslung: Er kann mit dem ungenießbaren Birkenreizker verwechselt werden, auch Falscher Reizker genannt. Dieser ist aber kleiner und heller und hat einen zottigen Rand. Der Birkenreizker sondert weiße, scharf schmeckende Milch ab. Milchlinge, deren Milch den Gaumen mit Schärfe reizt, sind ungenießbar, was durch eine kleine Kostprobe an der Zungenspitze herausgefunden werden kann. Die gespürte Schärfe einer Speise ist eigentlich eine Art Schmerzempfindung, die in jedem Bereich der Zunge registriert werden kann.

Der junge, noch knopfartige Pilz ist mit einer dünnen, weißen Membran umhüllt. Der Hut fächert sich später flach auf und wird 5 bis 10 cm breit. Er ist leuchtendrot bis orangefarben und fettig glänzend. Ältere Exemplare verblassen. Der Hutrand ist kammartig gerieft. Die Velumreste verbleiben kreisförmig als fast rechteckige Flöckchen auf dem Hut, die vom Regen abgewaschen sein können.
Die engstehenden, weißen, nicht am Stiel angewachsenen Lamellen werden vom Hut manchmal überdeckt. Der 8 bis 20 cm lange und 1 bis 1,5 cm gleichmäßig schlanke Stiel verdickt sich an der Basis knollig. Diese wird bis zu 3 cm dick, wölbt sich aber nicht stulpenförmig aus. Diese knollige Basis zeigt einen schuppenartigen Warzenkranz. Der Stiel hat einen nach unten hängenden Stielring.

Der Geruch ist angenehm. Der Geschmack ist überraschend mild.

Der Fliegenpilz wächst von Juli bis November auf sauren Böden unter meist jungen Fichten und Birken, auch im Laub und Nadelwald und an Straßenböschungen. Er ist häufig in Hexenringen und tief in der Erde steckend anzutreffen.

Er ist einer der schönsten Pilze und sollte nur fotografiert werden. Der Pilz ist zwar giftig, sein Verzehr aber nicht zwingend tödlich.

Der Fliegenpilz ist uns durch ungezählte Kinderbücher vertraut und ist der Pilz schlechthin.

Der Fliegenpilz erzeugt Rauschzustände, Atemlähmungen und Herzrasen mit einer Latenz von einer halben bis zwei Stunden. Bei lästigem Auftreten von Fliegen kann der Pilz als Falle genutzt werden: Dazu wird der ganze Hut flach in eine Schale mit gezuckerter Milch gelegt. Die Fliegen stürzen sich darauf und vergiften sich. Selbst größere Tiere reagieren nach der „Mahlzeit“ zum Beispiel mit Taumeln.

Fliegenpilz

Jung kann er mit Stäublingen verwechselt werden. Der Fliegenpilz zeigt bei Längsschnitt eine feine Linie von roter oder gelber Farbe unter der Huthaut, nicht aber der Stäubling. Eine Verwechslung ist auch mit roten Täublingen möglich, wenn die weißen Flöckchen beim Fliegenpilz vom
Regen abgewaschen sind. Jedoch haben Täublinge keinen Ring.

Aussehen: Der Frauentäubling kann sehr unterschiedliche Farben aufweisen: Sein bis zu 15 cm breiter, zuerst kugeliger, später abgeflachter, dann in der Mitte eingedellter Hut tritt grünlich bis weinrot, dunkellila, schieferfarbig und gemischtfarbig auf. Die Huthaut ist anfangs glatt mit schwach rötlichen Adern überzogen und wird später schmierig. Die weißen, dicht stehenden Lamellen sind biegsam, nicht bröselig, etwas speckig, gegabelt und am Stiel etwas herablaufend. Das Sporenpulver ist weiß, die Sporen elliptisch mit Wärzchen versehen. Der bis zu 10 cm lange und 3 cm breite, dickfleischige, weißliche Stiel ist fest, dabei aber brüchig. Gelegentlich ist der Stiel leicht mit purpurner Farbe überzogen, und zur Stielbasis spitzt er sich zu. Das Fleisch ist weiß und verändert nicht die Farbe.

Geschmack: Der Frauentäubling hat keinen spezifischen Geruch. Er schmeckt angenehm mild, nussig und erscheint auch roh nicht scharf.

Wo suchen, wo finden: Der Frauentäubling kommt auf der Nordhalbkugel im Laub- und Nadelwald von Juli bis Oktober auf kalkhaltigen Böden vor. Besonders unter Rotbuche und Eiche, regional häufig in Süddeutschland, ist er weit verbreitet.

Umgang und Verarbeitung: Der Frauentäubling ist oft madig, deshalb die Stellen abschneiden, die Erdreste entfernen und die Basis tief unten anschneiden. Da der Pilz auch gut durchgebraten werden soll, erübrigt sich das Waschen, was ihm das Aroma nehmen würde. Alle Verarbeitungsarten sind möglich wie bei dem Herings- und Speisetäubling.

Geschichte/n: Der Name soll sich vom traditionellen weiblichen Rollenklischee herleiten: nämlich weich und nachgiebig zu sein, so wie manch einer die Frauen immer noch gerne hätte…

Tipps: Wenn Sie mit dem Finger über die Lamellen streichen, brechen diese, splittern aber nie. Verwirrend kann die Variation der Farben sein. Vertrauen Sie auf die Regel, dass Sie keinen Fehler begehen, wenn Sie nur mild schmeckende Täublinge sammeln und verspeisen.

Frauentäubling

Verwechslung: Möglich ist eine Verwechslung des jungen Frauentäublings mit einem giftigen, jungen Grünen Knollenblätterpilz. Wenn man das Vorhandensein der Knolle beachtet, ist die Verwechslungsgefahr jedoch gering. Er könnte auch mit dem Zitronenblättrigen Täubling verwechselt werden, der ähnliche Hutfarben, aber gelbliche Lamellen aufweist, nach Obst riecht und sehr scharf schmeckt. Dieser gilt als ungenießbar.

Aussehen: Der 2 bis 7 cm breite, halbkugelige, später flache, in der Mitte gebuckelte, glatte Hut ist am Rand eingebogen und mit einer vergänglichen, weißlichen Resthülle behangen. Er ist schwefelgelb mit grünlich-gelbem Rand und in der Mitte ziegelbraun. Die jung schwefelgelben, alt grüngrauen, schmalen und engstehenden Lamellen sind am Stiel angewachsen und ausgebuchtet. Durch das Sporenpulver werden sie im Alter dunkler. Der 4 bis 10 cm lange und 5 bis 7mm dünne, jung leicht schuppige, elastische Stiel ist oft durch das büschelige Wachstum gebogen. An der Basis ist er gelblichbraun, oben schwefelgelb und weist dort manchmal eine schwache, flüchtige Ringzone auf; im Alter wird er hohl. Das Sporenpulver ist braun mit violetten Anteilen, die Sporen sind elliptisch (wie ein Apfel). Das dünne, hell-schwefelgelbe Fleisch des Hutes ist im Stiel dunkler und bräunlich.

Geschmack: Der zurückhaltend, aber erdig und leicht säuerlich riechende Pilz ist sehr bitter; eine winzige Geschmacksprobe sollte ausreichen, um dies zu beurteilen.

Wo suchen, wo finden: Der büschelig auf morschem Nadel- oder Laubholz wachsende sehr häufige Pilz ist vom Frühling bis zum späten Herbst in Europa überall zu finden. Auch in milden Wintern zeigt er sich noch.

Umgang und Verarbeitung: Zerstören Sie ihn nicht, da er ein guter Holzzersetzer ist.

Verwendung in der Küche: Keine

Geschichte/n: Es gibt eine sterile Variante dieses Pilzes, bei der keine Sporen gebildet werden, sodass auch die dunklere Verfärbung der Lamellen im Alter nicht zu sehen ist; vielmehr bleiben sie dann gelblich.

Tipps: Scheuen Sie sich nicht, ein Fitzelchen des Pilzes zu probieren. Spucken Sie aber das Teil wieder aus. Der Pilz löst Magen-Darm-Beschwerden und Erbrechen aus; auch von tödlichen Vergiftungen wird berichtet.

Grünblättriger Schwefelkopf

Verwechslung: Er kann mit dem essbaren Rauchblättrigen Schwefelkopf verwechselt werden. Beachtet man aber die grün-gelbe Färbung der Lamellen, sollte eine Verwechslung ausgeschlossen sein. Auch mit dem Stockschwämmchen ist er schon verwechselt worden, wachsen sie doch an gleichen Standorten, aber auch dieses hat keine grüngelben Lamellen.

Pilzwerkzeug

Fischragout

Zutaten für 4 Portionen

Für das Ragout:
600 g Fischwürfel
möglichst festes Fleisch,
3 gewürfelte Zwiebeln
1 TL gehackter Knoblauch
100 g rote / gelbe Paprika
100 g geputzte Champignons oder andere Pilze
1 gehackte Frühlingslauchstange
4 halbierte Kirschtomaten
500 ml Fischsoße

Für die Fischsoße:
125 ml trockener Weißwein
300 ml Fischfond
150 ml Sahne
2 cl Noilly Prat
2 cl Pernod
1 Spritzer Tabasco
Saft einer Zitrone
Kartoffelmehl zum Binden der Soße

Zubereitung:
In einem Topf Wein um die Hälfte einkochen und restliche Zutaten zugeben. Aufkochen und die Soße mit Kartoffelmehl nach Geschmack binden.

Für das Ragout alle Zutaten nacheinander zugeben, mit Fischsoße auffüllen und bei niedriger Hitze etwa 10 Min. ziehen lassen.

Hummerschwänze
mit Pfifferlingen

Zutaten für 4 Portionen

Zutaten:

2 Hummerschwänze
Rapsöl zum Braten
1 rote Zwiebel
(in Streifen geschnitten)
2 Lauchzwiebeln
(in schräge Stücke
geschnitten),
250 g geputzte Pfifferlinge
½ Bund glatte Petersilie
(gehackt)
4 halbierte Kirschtomaten
Salz, Pfeffer,
Basilikumblätter

Zubereitung:

Hummer mit der Schale quer in Medaillons schneiden. In heißem Rapsöl in einer Pfanne anbraten. Herausnehmen, warmstellen.
Zwiebelstreifen und Lauchzwiebeln ins Bratfett geben, kurz anschwitzen. Pfifferlinge zugeben, unter Rühren mitbraten. Petersilie und Tomaten zugeben, nur kurz mit erhitzen. Mit Salz und Pfeffer würzen. Hummer-Medaillons zugeben, abschmecken. Mit Basilikum garnieren.

Steinbutt
mit Pilzen und Gemüsen

Zutaten für 2 Portionen

Zutaten:

1 Steinbutt à 700 g küchenfertig
Salz, Pfeffer
Butter oder Butterschmalz zum Braten
2 frische Rosmarinzweige
1 rote Paprika
3 Knoblauchzehen geschält
100 g geputzte Champignons oder andere Pilze
Olivenöl zum Braten
2 Thymianzweige

Zubereitung:

Steinbutt mit Salz und Pfeffer würzen. In heißer Butter in einer großen Pfanne von beiden Seiten goldgelb anbraten. In die Kiemenöffnung den Rosmarin stecken. Etwas Butter in den Bräter geben, den Steinbutt vorsichtig hineinlegen. Paprika vierteln, Kerne entfernen und in mundgerechte Stücke schneiden.

Mit dem restlichen Gemüse in heißem Olivenöl kurz anbraten. Den Steinbutt in den Bräter legen und die Gemüse zufügen. Mit Thymianzweigen bestreuen. Im heißen Ofen bei 180 Grad ca. 20 Minuten garen. Nach Geschmack mit frittiertem Rucola bestreut im Bräter servieren.

Saibling
auf Trüffel-Lauch

Zutaten für 4 Portionen

Zutaten:

4 Saiblingfilets, je 150 g
400 g blanchierte Lauchstreifen
400 g Kartoffelwürfel
4 EL kräftige Gemüsebrühe
200 ml Sahne
Trüffelöl
Salz, weißer Pfeffer
Gründlich geputzte Trüffel der Saison

Zubereitung:

Den möglichst jungen Lauch quer in ca. 5 mm starke Streifen schneiden und blanchieren.
Halbfestkochende Kartoffeln in der Schale kochen, abziehen und in ½ cm starke Würfelchen schneiden.
Salzwasser in einem Topf erhitzen und die zuvor portionierten Filets in einem Sieb mit der Haut nach oben in den Dampf hängen. Das Gemüse in die heiße Brühe geben, würzen und mit Sahne auffüllen und etwas köcheln lassen. Abschmecken und frische Trüffelscheiben überhobeln und untermischen. Das Gemüse auf Tellern anrichten und je eine Tranche vom Saibling draufsetzen und servieren.

Fisch-Lasagne
mit Waldpilzen

Zutaten für 2 Portionen

Zutaten:

400 g Fischfilet
z.B. Rotbarsch
Butter zum Anbraten
Salz. Pfeffer
4 Lasagneblätter
200 g Kräuter wie
Bärlauch, Pimpinelle,
Petersilie
100 ml Sahne
Fischfond nach Geschmack
200 g Waldpilze
Butter, Salz, Pfeffer

Zubereitung:

Fisch in 4 Teile portionieren und in Butter nicht zu kräftig anbraten. Salzen und pfeffern. Kräuter mit Sahne und Fond pürieren. Pilze in der Pfanne mit Butter anziehen lassen. Salzen und pfeffern. Lasagne-Blätter in Salzwasser weichgaren, dann abtropfen lassen. Je ein Fischfilet auf einen Teller setzen, mit je einem Lasagne-Blatt bedecken. Die Sauce angießen und die Pilze dazugeben.

Fisch
mit Steinpilzen und Zwiebeln

Zutaten für 4 Portionen

Zutaten:

4 Fischfilets a 100 g
z. B. Zander
Butter zum Anbraten
Salz, Pfeffer
200 g geputzte Steinpilze
Rapsöl/Butter
zum Anbraten
6 Schalotten
2 EL Zucker
125 ml Fond
40 ml Wermut (Noilly Prat)
Kräuterblüten
Petersilie

Zubereitung:

Fischfilets in der Pfanne mit Butter anbraten und mit Salz und Pfeffer würzen. Steinpilze in Scheiben schneiden und in der Pfanne kräftig anbraten. Zwiebeln kleinschneiden. Zucker im Topf karamellisieren und die Zwiebeln zugeben. Mit Fond und Wermut köcheln lassen.
Pilze und Zwiebeln auf Teller geben und jeweils ein Fischfilet draufsetzen. Mit Kräuterblüten und gehackter Petersilie bestreuen.

Steinpilzgratin

Zutaten für 4 Portionen

Zutaten:

800 g Kartoffeln
300 g Steinpilze oder ähnliche Pilze
1 geschälte Knoblauchzehe
Butter zum Ausstreichen
250 ml Sahne
150 ml Milch
Muskat, Salz, Pfeffer

Zubereitung:

Kartoffeln schälen und in dünne Scheiben hobeln. Pilze gründlich putzen und in nicht zu dünne Scheiben schneiden. Eine Backform mit der Knoblauchzehe und der Butter ausstreichen. In die Form Kartoffel- und Pilzscheiben abwechselnd schräg gestaffelt einschichten. Sahne und Milch darübergießen. Mit Muskat, Salz und Pfeffer abschmecken. Im vorgeheizten Backofen bei 200 Grad garen. Während der ersten 20 Minuten mit einer Alufolie abdecken.

Marinierte Waldpilze

Zutaten für 4 Portionen

Zutaten:

400 g festfleischige Waldpilze (vorzugsweise Steinpilze)
2 EL weißer Balsamicoessig
Rapsöl zum Braten
gerebelter Thymian
1 geschälte Knoblauchzehe
Pfeffer
Salatblätter und Kräuter

Zubereitung:

Die Pilze in 2 bis 3 mm starke Scheiben schneiden. Balsamico in eine heiße Pfanne geben und einkochen lassen. Etwas Öl dazugeben und die Pilze kräftig schwenken, die Ränder dürfen ruhig etwas kross werden. Thymian und durch die Presse gedrückten Knoblauch zugeben und die Pilze, die jetzt mit einem Ölfilm überzogen sein sollten, salzen und pfeffern. Öl in einer Pfanne erhitzen, die Pilze anbraten, abschmecken, vom Herd nehmen und 10 bis 15 Minuten ziehen lassen. Die lauwarmen Pilzscheiben in der Tellermitte anrichten, mit dem Salat und den Kräutern servieren.

Damwildragout mit Preiselbeeren und Champignons

Zutaten für 4 Portionen

Zutaten:

800 g Damwildschulter
50 g durchwachsener Speck
1 EL Tomatenmark
Öl zum Anbraten
2 TL Paprika
100 ml Rotwein
2 EL Cognac
350 ml Wildfond
Orangenabrieb nach Geschmack
20 g Butter
Salz, Pfeffer
150 g Champignons
Preiselbeerkonfitüre
Crème fraîche

Zubereitung:

Speck würfeln und mit dem Fleisch in Öl anbraten. Zwiebeln abziehen, achteln und zugeben. Paprikapulver darüberstreuen und Tomatenmark zufügen. Rotwein, Cognac und Wildfond zugießen. Alles ca. 75 Minuten schmoren lassen. Wenn nötig, Fond oder Wasser nachgießen. Mit Butter, Salz, Pfeffer und Orangenabrieb abschmecken. Eventuell die Soße mit Speisestärke abbinden. Champignons putzen und in Scheiben schneiden. Fünf Minuten mit dem Ragout schmoren. Zum Servieren Ragout auf Teller geben, 1 EL Crème fraîche mittig daraufsetzen und 1 EL Preiselbeerkonfitüre zugeben.

Filetspitzen
vom Hasen

Zutaten für 4 Portionen

Zutaten:	
1 ausgelöster	**Für die Soße:**
Hasenrücken	50 g Schalotten
Salz, Pfeffer	100 g Speck
Öl zum Anbraten	20 g Butter
400 g geputzte Pfifferlinge	20 Wacholderbeeren
250 g Bandnudeln	200 g Crème fraîche
Salz	125 ml Geflügelfond

Zubereitung:

Den Hasenrücken in einer Pfanne von allen Seiten nicht zu kräftig anbraten – das Fleisch soll innen rosa sein. Das Fleisch herausnehmen und warm stellen. In der Pfanne die Pffferlinge anbraten, salzen und pfeffern. Die Bandnudeln in Salzwasser kochen, abgießen und abschrecken. Für die Soße Schalotten und Speck in Butter andünsten. Wacholderbeeren andrücken und mit dem Tomatenmark zugeben. Geflügelfond zugießen. Wenn die Schalotten gar sind, Crème fraîche zugeben, mit Salz und Pfeffer abschmecken. Alles im Mixer pürieren und durch ein Sieb geben. Die Soße auf die Pfifferlinge gießen, kurz erhitzen und den in Scheiben geschnittenen Hasenrücken mit erwärmen. Zum Servieren die Bandnudeln auf Teller geben, mit Fleisch und Pilzen umlegen und die Soße angießen.

Aussehen: Der vier bis 12 cm breite Hut ist jung noch mit einer Hülle bedeckt und gewölbt-kugelig. Er wird später flach und schüsselförmig mit feinen Streifen von der Mitte her. Er ist glatt, manchmal mit Resten der Huthülle bedeckt und bei Nässe schwach glänzend. Die Farben sind unterschiedlich: grünlich-gelblich, olivbräunlich oder auch weiß. Die dicht stehenden, am Stiel nicht angewachsenen, weißen Lamellen sind niemals rosa oder bräunlich!
Der einhalb bis anderthalb cm hohe und ein bis zwei cm dicke, weißliche oder grünliche, oft genatterte Stiel ist mit einem hängendem weißlichen Ring versehen. Der Stiel ist zur Knolle hin verdickt, die in einer weißen, sackartigen Scheide steckt.
Das weiße Fleisch ist unter der Huthaut schwach gelblich. Das Sporenpulver ist weiß. Die Sporen sind rundlich.

Geschmack: Jung ist der Pilz geruchlos, später süßlich, alt ekelig. Er sollte in keinem Fall probiert werden, denn er ist tödlich giftig!

Wo suchen, wo finden: Er ist meist im wärmeren Flachland, im Nadel- und Mischwald unter Buchen und Eichen von Juli bis November zu finden. Er stellt keine besonderen Ansprüche an die Beschaffenheit des Bodens. Um diesen sehr giftigen Pilz einwandfrei erkennen zu können, sollte man sich gezielt auf die Suche nach ihm begeben, um ihn gut identifizieren zu können.

Umgang und Verarbeitung: Er wird nicht verwertet und nur zu Untersuchungszwecken eingesammelt. Wenn überhaupt, sollte er nur in einem Extragefäß transportiert werden.

Geschichte/n: Dieser Pilz ist besonders tückisch, da die Giftwirkung erst nach vier bis 48 Std. eintritt und die Organe, insbesondere die Leber, schädigt. Die fatale Giftwirkung ist im Altertum gerne genutzt worden, um sich unliebsamer Feinde zu entledigen.

Tipps: Auch kleinste Mengen führen bereits zum Tod. Deshalb diesen Pilz niemals probieren!

Grüner Knollenblätterpilz

Verwechslung: Er könnte mit grünlichen Täublingen verwechselt werden, die aber keine Knolle mit Scheide aufweisen. Er kann auch mit dem ebenso wie der Grüne Knollenblätterpilz tödlich giftigen, weißen Spitzhütigen Knollenblätterpilz verwechselt werden. Der gelbe Knollenblätterpilz ist nur schwach giftig; sein Gift soll sich beim Kochen zersetzen. Diesem Risiko sollte sich aber niemand aussetzen, da dieser dem Grünen Knollenblätterpilz äußerlich sehr ähnlich ist.

Aussehen: Der Hallimasch, einer der bekanntesten Pilze, auch Zwiebelfüßiger Hallimasch genannt, hat einen bis zu 10 cm großen, anfangs halbkugeligen, später gewölbten bis ausgebreiteten Hut. Jung verdeckt eine Hülle die Lamellen, die später durch das Wachstum aufgeschlossen als unten hängender, aber abstehender, filziger Ring am Stiel verbleiben. Der jung olivfarbene, später honiggelbe bis fleischfarbene Hut hat einen dunkleren Buckel in der Mitte mit eingebogenem Hutrand und ist oft bedeckt mit dunklen bis schwärzlichen, spitzen Schüppchen, die zur Mitte des Hutes dichter stehen. Vom Regen sind sie manchmal abgewaschen und lassen sich leicht abwischen. Die dichten, gerade angewachsenen, weißlichen bis hellbräunlichen Lamellen sind im Alter rotbraun gefleckt. Das Sporenpulver ist weiß, die Sporen elliptisch. Der bis zu 15 cm lange und 1,5 cm dünne, zylindrische, häufig krumme und längsfaserige Stiel mit einer etwas bauchigen Basis ist zäh; ältere Stiele sind innen hohl und heller als der Hut. Unterhalb des Ringes ist er auch geschuppt; die Stielbasis ist olivschwärzlich. Das Fleisch ist erst weiß, später fleischfarben.

Geschmack: Der Geschmack des abgekochten und dann gebratenen Pilzes ist immer noch recht herb. Der Geruch ist muffig.

Wo suchen, wo finden: Der Pilz ist in Europa weitverbreitet, wächst büschelig an totem und lebendem Laub- und Kiefernholz in der Ebene und im Mittelgebirge auf sauren Böden von August bis Dezember. Er befällt auch verdeckte Wurzeln.

Umgang und Verarbeitung: Gesammelt wird der Hallimasch zusammen mit den Stielen, auch wenn diese nicht weiter verwertet werden sollten, um ihn von anderen Schüpplingen unterscheiden zu können. Die Schüppchen sollten zu Hause entfernt werden, da sie wenig zum Geschmack beitragen. Ein erstes längeres Abbrühen sorgt für eine Entgiftung des Pilzes, der Sud wird entsorgt. Erst dann darf er gebraten werden. Er sollte nicht getrocknet werden. Nach dem beschriebenen Abbrühen kann er zu Suppe verarbeitet oder gebraten werden.

Hallimasch

Geschichte/n: Das schwärzliche Mycel des Pilzes lässt sich unter der Rinde eines befallenen Baumes entdecken, von wo er sich auf die Suche nach einem weiteren zu besiedelnden Baum macht.

Tipps: Vergewissern Sie sich, ob Ihre Gäste schon einmal nach dem Genuss von Hallimasch Beschwerden hatten – dann sollten sie auf diesen Pilz verzichten. Der Name soll sich von solch derben Formulierungen wie „Höll im Arsch" oder „Heil am Arsch" herleiten, was sich auf die abführende Wirkung des Pilzes oder die Heilung von Hämorriden beziehen mag.

Verwechslung: Verwechslungen sind mit dem Sparrigen Schüppling, der aber braunes Sporenpulver und nicht abwischbare Schüppchen hat, und dem Honiggelben Hallimasch möglich. Letzterer ist weniger als der echte Hallimasch geschuppt und auch gelblicher. Beide Pilze sind nach sorgfältigem Abkochen durchaus verwertbar.

Aussehen: Der 4 bis 15 cm breite, anfänglich gewölbte und mittig bucklige, später flache und mittig vertiefte, oft gebogene Hut ist ocker oder hell- bis rostrotbraun. Er hat lange Zeit einen eingerollten, gekerbten Rand, der glatt und samtig, auch klebrig sein kann. Die schmalen, engstehenden, ocker- bis braunfarbenen, leicht ablösbaren Lamellen sind am Stiel herablaufend und oft gegabelt: Auf Druck reagieren sie stark bräunend.
Der 5 bis 8 cm lange und 1 bis 2 cm dünne, kahle Stiel ist heller als der Hut, oft fein gemasert. Der Stiel ist auch oft gebogen und fleischig. Das Sporenpulver ist rostbraun. Die Sporen sind oval.

Geschmack: Der Kahle Krempling schmeckt säuerlich. Er hat einen würzigen und pilzigen Geruch.

Wo suchen, wo finden: Er wächst im Laub- und Nadelwald und in Parks in großen Gruppen. Er zeigt sich sehr häufig von Juli bis November auf sauren Böden.

Umgang und Verarbeitung: Nur zu Studienzwecken und getrennt von anderen Pilzen sollte er gesammelt, transportiert und aufbewahrt werden. Der Pilz ist giftig!
Sofortige Reaktionen gibt es nach dem Verzehr nicht. Bei häufigerem Genuss kann es aber zu kumulierenden Effekten kommen, die zu einer Blutverdünnung und Nierenschädigungen führen können. Bei organisch vorgeschädigten Personen kann dies auch zum Tod führen.

Geschichte/n: Der Pilz verdankt seinen Namen dem kahlen Hut und kahlen Stiel ebenso wie der Hutkrempe. Er wird auch Empfindlicher Krempling genannt wegen seiner auf Druck sofort stark bräunenden Stellen.

Tipps: Im Ausland ist besondere Vorsicht geboten, da der Kahle Krempling in einigen Ländern Pilzgerichten beigemischt wird.

Kahler Krempling

Verwechslung: Er kann mit dem an altem Holz wachsenden Samtfußkrempling verwechselt werden, der an Hut und Stiel braunsamtig, aber ebenfalls nicht essbar ist.

Pilzpinzette mit Lupe
für 16,- € bei Manufactum

Aussehen: Der 5 bis 13 cm breite Hut ist anfangs weißgrau und wird dann graubräunlich, besonders in der Mitte. Jung ist er halbkugelig, später zeigt er sich im Längsschnitt trapezförmig. Bei Trockenheit kann er rissig sein. Der Rand ist lang nach unten gebogen. An Schadstellen und bei Druck vergilbt er. Die anfangs weißen, dann rosa-, später dunkelbraunen Lamellen sind engstehend.
Der 5 bis 10 cm lange und 1 bis 2 cm dünne, hutfarbene Stiel weist einen nach unten hängenden, doppelten Stielring auf. Unter diesem sind feine Schüppchen zu sehen. An der Basis ist der Stiel etwas knollig verdickt. Das Sporenpulver ist dunkelpurpurbraun, die Sporen sind oval. Das dünne Fleisch wird im Schnitt schnell gelb, besonders an der Stielbasis verfärbt es sich zu chromgelb.

Geschmack: Jung ist er noch relativ geruchlos, später riecht er unangenehm streng nach Karbol oder Tinte. Er sollte nicht probiert werden.

Wo suchen, wo finden: Er kommt häufig in Parks, auf Friedhöfen, Komposthaufen und an Waldrändern von Mai bis Oktober vor.

Umgang und Verarbeitung: Er ist giftig und sollte nur für Studienzwecke gesammelt werden.

Geschichte/n: Sein Gift wirkt mit einer Latenzzeit von vier Stunden und äußert sich in heftigen Magen-Darm-Beschwerden mit Koliken. Nachhaltige körperliche Folgen gibt es dennoch nicht.

Karbolchampignon

Tipps: Bei Unsicherheit sollte die Stielbasis gerieben werden. Diese verfärbt sich dann chromgelb. Auch riecht er dort am intensivsten. Der Pilz entwickelt den typischen Karbol-Geruch insbesondere beim Kochen. So kann noch rechtzeitig bemerkt werden, dass ein Karbolchampignon ins Essen geraten ist. Dann sollte man die Mahlzeit vernichten.

Verwechslung: Er könnte mit dem Wiesenchampignon verwechselt werden (s. S. 89).

Aussehen: Der 4 bis 12 cm breite, seidig glänzende Hut dieses sehr giftigen Pilzes ist hell- bis dunkelbraun, auch gelblich. Der junge halbkugelige Hut ist noch mit einer weißen, flockigen Hülle umgeben. Der Hut wird dann flacher, die Hülle bricht später auf und bildet warzige, weiße, regelmäßig angeordnete Flöckchen auf dem Hut. Diese sind abwischbar oder können vom Regen abgewaschen werden. Bei älteren Exemplaren ist der Rand gerieft. Die weißen Lamellen sind weich, gedrängt und freistehend.
Der bis zu 15 cm hohe und 2 cm schlanke, weiße, etwas schuppige, nach oben verjüngte Stiel wächst aus einem nach außen gestülpten Wulst heraus. Er ist bis zu 4 cm dick und hat einen abgesetzten Rand. Der Stiel ist von einem schmalen, nie gerieften Ring umgeben; alt ist er hohl.
Über der weißen Knolle sind weitere schuppige Ringe wie von einem Gürtel umgeben. Das Sporenpulver ist weiß, die Sporen sind breit und eiförmig. Das weiße Fleisch ist dünn und weich, ältere Exemplare sind schwammig und verfärben sich bei Anschnitt nicht mehr.

Geschmack: Der Geruch ist rettichartig; er soll mild schmecken.

Wo suchen, wo finden: Der Pantherpilz kommt auf Sand- und Lehmböden vor, zuweilen auch auf sauren Böden unter Fichten von Juni bis November.

Umgang und Verarbeitung: Um jedes Risiko zu vermeiden, sollte dieser Pilz nur betrachtet oder bestenfalls fotografiert werden.

Geschichte/n: Der Name deutet auf die lauernde, latente Gefahr, wie sie von dieser gleichnamigen Großkatze ausgeht.

Tipps: Auf keinen Fall roh probieren: Das auch beim Fliegenpilz vorhandene Gift ist hier noch konzentrierter. Beim Pantherpilz zeigen sich die ersten Vergiftungserscheinungen nach ein bis vier Stunden, sie können zur Bewusstlosigkeit führen. Von Todesfällen wird selten berichtet, sie sollen aber vorgekommen sein.

Pantherpilz

Verwechslung: Er kann mit dem Perlpilz verwechselt werden, der sich aber beim Anschnitt leicht rötet (s. S. 73). Auch der Graue Wulstling hat Ähnlichkeit mit dem Pantherpilz. Der Graue Wulstling hat aber einen gerieften Ring und weist keine Stielknolle auf.

Aussehen: Der 10 bis 25 cm breite, anfangs eiförmige, blassgraue Hut erinnert in der Form an einen Paukenschlegel. Er breitet sich dann später flach aus und ist mit einem braunen Buckel in der Mitte versehen. Dabei reißt die braune Huthaut und hinterlässt dunklere, abstehende Schuppen auf hellerem Grund. Diese sind konzentrisch angeordnet. Die Oberfläche ist trocken. Der Hutrand hängt über die Lamellen.
Die feinen, dünnen, weißen, im Alter rosabräunlicheren Lamellen sind frei stehend, eng und am Stiel durch eine Ringzone getrennt. Der 15 bis 30 cm lange und 0,5 bis 1,5 cm dünne Stiel ist anfangs von einem Geflecht überzogen, das später durch das Wachstum aufreißt und dann genattert aussieht. Der Stiel wird zur Basis hin knollig, die bis zu 4 cm dick sein kann. Im Alter wird der Stiel hohl.
Der breite, gelappte, doppelte und bewegliche, am Rand flockige Stielring ist unterseits bräunlich und oberseits weiß. Er ist verschiebbar, manchmal fällt er ab. Das Sporenpulver ist weiß bis blassrosa, die Sporen sind oval. Das dünne, weiße, weiche und anfangs zarte Fleisch wird im Alter etwas schwammig. Der Stiel ist zäh.

Geschmack: Der Parasol riecht etwas süßlich, aber wenig aufdringlich. Er schmeckt pilzig und nussartig.

Wo suchen, wo finden: Der weit verbreitete und häufig in Gruppen auftauchende Pilz steht an sonnigen Stellen in lichten Laubwäldern, auch auf Dünen, am Wald- und Wegesrand, im Gebüsch und auf der Heide von Juli bis November.

Umgang und Verarbeitung: Der Pilz sollte ganz aus dem Boden gedreht werden, um die Knolle beurteilen zu können. Der Stiel wird nicht verwertet, er ist zu zäh und unergiebig. Die Lamellen sollte man auf Käferbefall untersuchen. Er kann gewaschen werden, ohne sein Aroma zu verlieren. Gekühlt hält er sich einige Tage. Er kann getrocknet und auch eingefroren werden. Frisch gebraten schmeckt er am besten, möglichst paniert.

Parasol

Geschichte/n: Da er ausgewachsen wie ein Schirm aussieht, wird er auch Schirmling genannt. Parasol ist ein französisches Wort und bedeutet Schirm.

Tipps: Er ist empfindlich und zerbrechlich, deshalb sollte er locker auf andere bereits gesammelte Pilze gelegt werden. Das durch die Sprödigkeit verursachte Zerbröseln des Pilzes tut dem Geschmack aber keinen Abbruch.

Verwechslung: Durch den verschiebbaren Ring und seine Größe ist er kaum zu verwechseln. Wenn er verwechselt werden könnte, dann mit dem essbaren kleineren Safranschirmling, der zwar im Anschnitt rötet, aber auch einen verschiebbaren Ring hat. Sein Stiel ist jedoch nicht genattert.

Aussehen: Der 5 bis 15 cm breite Hut ist rosabraun, fleischfarben und auch weißgelblich. Der Perlpilz ist jung noch halbkugelig und ganz von einer Hülle umgeben. Der Hut wird dann flacher und ist bedeckt mit weiß-gelblichen oder rötlichen, unregelmäßigen, abwischbaren Flocken, die aus den Resten der Hülle bestehen. Die Oberfläche ist seidig und matt.
Die jung noch weißen, bei Verletzung aber rötlichen, später fleischrotfarbenen Lamellen sind ziemlich breit, weich, freistehend und nicht am Stiel angewachsen.
Der 4 bis 8 cm hohe und 1 bis 3 cm breite, weiße bis hutfarbene Stiel verbreitert sich regelmäßig zur Basis, die warzenbedeckt und etwas knollig ist. Der Stiel ist mit feinen, rötenden Flocken bedeckt.
Der herabhängende, anliegende, weiße Ring ist wie ein Kamm gerieft. Oberhalb des Rings wird der Stiel heller, zur Basis hin rötlicher. Das Sporenpulver ist weiß, die Sporen sind elliptisch. Das weiße, häufig madige und schnell verderbliche Fleisch verfärbt sich langsam rosa, besonders im Stielbereich.

Geschmack: Er riecht etwas süßlich, schmeckt leicht scharf, jedoch angenehm.

Animierend und appetitlich: Pilze an einem Marktstand

Perlpilz

Wo suchen, wo finden: Er findet sich in Laub- und Nadelwäldern und in Parks, besonders unter Rotbuchen, Fichten und Haselnussbüschen auf sauren und humusreichen Böden von Juni bis November.

Umgang und Verarbeitung: Nur junge Pilze sollten verwertet werden, da verdorbene Pilze nicht leicht zu erkennen sind. Roh ist er giftig; deshalb sollte er gut durchgegart werden. Zum Trocknen und Einfrieren eignet er sich nicht.

Geschichte/n: Der Pilz ist nichts für Anfänger wegen der möglichen Verwechslungen mit dem Pantherpilz (s. S. 69).

Tipps: Der Perlpilz sollte immer erst abgekocht und das Kochwasser weggeschüttet werden. Dann aber ist er ein sehr guter, wohlschmeckender Speisepilz.

Verwechslung: Ein hohes Risiko besteht darin, ihn mit dem Pantherpilz zu verwechseln, dessen Fleisch sich nicht rötlich verfärbt. Als eines der Erkennungszeichen für den Perlpilz gilt nämlich die rötliche Verfärbung beispielsweise von Madengängen.

Aussehen: Der bis zu 7 cm breite, gewölbte, später abgeflachte, anfangs gelbliche, später blassorangebraune, glatte Hut mit einem leichten Buckel in der Mitte ist bei Feuchtigkeit schmierig. Der Buckel ist intensiver rötlichbraun bis fuchsig und damit dunkler als der sonstige Hut, an dem Velumreste manchmal am Rand zu erkennen sind.
Die engstehenden, aber nicht gedrängten, blassgrauen bis purpurnen Lamellen sind anfangs noch weiß, werden dann graulila, nie grün. Das Sporenpulver ist weinbraun bis rostrot, die Sporen elliptisch bis oval geformt. Der hohle, bis zu 8 cm lange und 1 cm schlanke Stiel ist nach oben hin gelblich und abwärts rostbraun, ohne Ring und oft gebogen.

Geschmack: Der Geruch ist unauffällig, der Geschmack mild, etwas herb und süßlich.

Wo suchen, wo finden: Er wächst an vermorschten Strünken, Wurzeln und vergrabenem Holz der Fichte oder Kiefer büschelig im trockenen Nadelwald. In milden Wintern kann man ihn das ganze Jahr über antreffen, ansonsten von September bis Dezember in ganz Europa.

Pilzbürste
für 6,49 € beim Bürstenhaus Reinecker

Rauchblättriger Schwefelkopf

Umgang und Verarbeitung: Er ist wie das Stockschwämmchen (s. S. 83) zu verarbeiten. Auch dieser Pilz ist ein ausgezeichneter Pilz für Suppen.

Tipps: Da zuweilen alte Exemplare des giftigen Grünblättrigen Schwefelkopfes graue Blätter haben wie der Rauchblättrige Schwefelkopf, ist es doch ratsam, sich als Anfänger von diesen Blätterpilzen fernzuhalten.

Verwechslung: Wenn die Merkmale der nie grüngelben Lamellen bei diesem Pilz beachtet werden, sollte er nicht mit dem Grünblättrigen Schwefelkopf verwechselt werden können. Für den Anfänger ist dies aber schwierig.

Aussehen: Der bis zu 6 cm breite und 12 cm hohe, anfangs zylindrische, jung weiße, später schmutzigweiße, eiförmige Hut des Schopftintling wird wegen seiner aufrechten Länge auch Spargelpilz genannt. Später rollt sich der Hut am unteren Rand auf, sodass dieser dann wie eine Glocke aussieht. Ältere Exemplare weisen eine etwas bräunliche Spitze auf und haben abstehende, bräunliche Schuppen.
Die erst weißen, später rosa, dann bis zu schwarz sich verändernden, dicht stehenden und freien Lamellen sind mit einer Hülle überzogen. Sie bricht beim Wachsen auf und hinterlässt einen verschiebbaren weißen Ring in der Mitte des Stiels. Es beginnt eine Verfärbung von unten nach oben. Dann zerfließt der Pilz im Alter zu einer schwärzlich-tintenfarbenen Flüssigkeit. Der Schopftintling ist einer der wenigen Pilze, die gänzlich schwarzes Sporenpulver aufweisen, dabei sind seine Sporen oval, mandelförmig und glatt. Der bis zu 15 cm lange und ca. 2 cm breite, zylindrische, weiße, glatte Stiel ist anfangs noch fleischig, dann hohl und an der Basis verdickt, in deren Richtung auch der Ring rutscht.

Geschmack: Der Geschmack des jungen Pilzes ist würzig, pilzig und erinnert an den Geschmack von Champignons.

Wo suchen, wo finden: Diesen oft massenhaft auftretenden Pilz kann man auf gedüngten Wiesen, Zierrasen, in Parks, auf Komposthaufen, an Wegesrändern und im Buchenwald auf Kalkböden überall in Mitteleuropa von Mai bis November finden.

Umgang und Verarbeitung: Dieser Pilz, der nur jung essbar ist, sollte so schnell wie möglich geschnitten und dann verarbeitet werden. Im Kühlschrank hält er sich nicht. Da sich die schwärzliche Verflüssigung des Pilzes auch im abgeschnittenen Zustand weiterentwickelt, sollte er nicht über einige Stunden bis zur Verwertung warten müssen. Beginnt er schwarz zu werden, ist er ungenießbar.

Schopftintling

Geschichte/n: Die schwarze Flüssigkeit lässt sich unter Zugabe von Gummi Arabikum zu einer nutzbaren Tinte verarbeiten. Auf alten Schriften lässt sich nachweisen, dass mit dieser Art von Tinte geschrieben wurde, da dort Sporen vom Schopftintling gefunden worden sein sollen.

Tipps: Falls Sie eine Menge Pilze gefunden haben und diese auch verwerten wollen, sollten Sie sofort nach Hause fahren, sie verarbeiten und keine anderen Pilze mehr suchen.

Verwechslung: Der Schopftintling ist die einzige Tintlingsart, die auch dann nicht giftig ist, wenn dazu Alkohol getrunken wird. Er könnte mit dem Spechttintling verwechselt werden, der aber einen schwärzlich-braunen Hut mit weißen Flocken hat. Auch der Graue Faltentintling mit seinem mehr grau-bräunlichen, aber faltigen und kegelförmigen Hut könnte mit dem Schopftintling verwechselt werden. Diese beiden Tintlinge sollten Sie lieber nicht einsammeln, da in Verbindung mit Alkohol auch Tage später Vergiftungserscheinungen beobachtet werden, wobei nicht auszuschließen ist, dass auch der Konsum von Kaffee zu solchen Problemen führen kann.

Aussehen: Die Hutfarbe des beliebten Speisepilzes kann fleischrosa, lederbraun bis weinrot, aber auch ockerfarben sein. Der bis zu 10 cm breite, zunächst halbkugelige, bei Feuchtigkeit etwas schmierige, klebrige Hut fächert sich dann auf. So wird auch das weiße Fleisch des Hutes am Rand erkennbar, und der Hut erscheint meist mittig vertieft. Die Huthaut ist abziehbar. Die weißen, engstehenden, manchmal mit rostfarbenen Flecken versehenen, hartfleischigen Lamellen sind am Stiel etwas eingebuchtet. Die Lamellen verzweigen sich in der Nähe des Stiels und laufen etwas herab. Von oben betrachtet stehen die Lamellen über den Hutrand hinweg. Das Sporenpulver ist weiß, die Sporen eiförmig. Der bis zu 6 cm lange und 2,5 cm dicke, weißliche, auch ins Ockerfarbige spielende Stiel verjüngt sich zur Basis hin.

Geschmack: Der Speisetäubling schmeckt zubereitet, wie auch roh, mild und leicht nussartig. Der bei Täublingen wichtige Geruch ist bei diesem eher unauffällig, aber angenehm.

Wo suchen, wo finden: Der Pilz ist im Laub- und Mischwald auf trockenem, saurem Boden von Juni bis Oktober weit verbreitet. Er ist gebunden an Eiche, Rotbuche, Kiefer und Fichte.

Umgang und Verarbeitung: Bei Trockenheit ist er leicht von Erdresten zu befreien, nach Regen können auf ihm Nadelreste kleben, die man mit einem Tuch abwischen kann. Untersuchen Sie die Lamellen, ob sich dort Ungeziefer eingenistet hat. Gegebenenfalls entfernen. Sie können den Speisetäubling trocknen, im Kühlschrank zwei bis drei Tage aufbewahren, braten, kochen oder nach dem Garen einlegen oder in Scheiben einfrieren.

Geschichte/n: Alle Täublinge wie auch die Milchlinge, die roh mild bis leicht bitter schmecken, sind auch essbar. Von den bitteren geht zwar keine Gefahr aus, sie sind nur nicht schmackhaft. Achtung: Die Schärfe stellt sich manchmal erst nach ein paar Minuten ein. Diese Regel gilt nur für die Täublinge und Milchlinge, für keinen anderen Pilz!

Speisetäubling

Tipps: Ein Anschnitt noch im Wald zeigt, ob der Speisetäubling vermadet ist. Schneckenfraß erkennen Sie sofort an der Löchrigkeit des Hutes oder des Stiels.

Verwechslung: Der Speisetäubling kann mit dem bitteren Speitäubling verwechselt werden, dessen Hut aber stärker rot leuchtet. Eine Geschmacksprobe kann noch im Wald überzeugen, ob es der Speitäubling oder der Speisetäubling ist.

Aussehen: Der bis zu 6 cm breite, anfangs noch eingerollte, zweifarbige Hut des Stockschwämmchens breitet sich später flach mit einem Buckel in der Mitte aus, im Alter nicht mehr so ausgeprägt. Der leuchtend orangebraune Hut wird bei Feuchtigkeit dunkler, bei Trockenheit blasser. Der Rand ist etwas gerieft. Die engstehenden, anfangs blassen, später zimtigen, am Stiel etwas herablaufenden Lamellen sind breit angewachsen.
Das Sporenpulver ist ockerfarben bis rostbraun, das an dem umgestülpten Ring am Stiel abgelagert sein kann. Die Sporen sind oval bis mandelförmig. Der bis zu 1 cm dünne, zähe Stiel ist oberhalb eines erkennbaren Rings weißlich bis gelbbraun, unterhalb weist er ein dunkleres Braun auf und ist mit spitzen Schüppchen bedeckt.
Der Ring ist auch bei älteren Exemplaren sehr gut erkennbar. Das Fleisch ist weißgelblich bis bräunlich und faserig, im Stiel ist es braun.

Geschmack: Der Pilz riecht angenehm aromatisch, leicht obstig und schmeckt würzig.

Wo suchen, wo finden: Er wächst in Büscheln aus totem Laubholz, selten Nadelholz, auch an alten Baumstämmen, im Moos und auch bei Sauerklee. Er ist in Europa weit verbreitet und recht häufig von Mai bis Oktober in der Ebene und im Mittelgebirge zu finden.

Umgang und Verarbeitung: Sammeln Sie, weil es ähnliche sehr giftige Pilze gibt, immer den ganzen Pilz mit Stiel, da dieser die Bestimmung erleichtert. So kann ein erfahrener Pilzberater den Pilz besser bestimmen. Registrieren Sie auch den Standort bzw. das Holz, aus dem er wächst. Entfernen Sie nur Moos und Kleingetier. Er kann gebraten, gekocht und eingelegt, zur Aufbewahrung auch getrocknet und möglichst gegart eingefroren werden. Im Kühlschrank hält er sich kaum.
Das Stockschwämmchen ist besonders in der Suppe beliebt, dient aber auch getrocknet zur Verfeinerung von Soßen. Der zu zähe Stiel sollte nicht verwendet werden.

Stockschwämmchen

Geschichte/n: Da dieser Pilz an einem Stamm wächst, den man auch als Stock bezeichnet, wird er Stockschwämmchen genannt.

Verwechslung: Beim Sammeln dieses Pilzes gilt es besondere Vorsicht walten zu lassen. Bei Unsicherheit sollte man ihn stehen lassen. Er kann mit dem sehr giftigen Nadelholzhäubling verwechselt werden, der aber mehlartig riecht und unterhalb seines auch vorhandenen, nicht eingerollten Rings nicht schuppig ist, sondern faserig. Darüber hinaus wächst er nicht büschelig auf totem Nadelholz. Verwechselt werden kann das Stockschwämmchen auch mit dem sehr giftigen Grünblättrigen Schwefelkopf, der auch büschelig wächst. Farblich können sie recht gut unterschieden werden: Der gebuckelte Hut ist gelbgrünlich und die Lamellen anfangs schwefelgelb, dann grünlich.

Aussehen: Sein 1 bis 6 cm breiter, purpurlilafarbener Hut blasst im Alter etwas aus. Er ist anfangs gewölbt, wird später flacher und ist dann in der Mitte ein wenig getrichtert. Der Hut hat eine eher raue Oberfläche mit einem lange herunterhängenden Rand und kann unregelmäßig gebogen sein. Die Oberfläche ist feinfilzig und auch schuppig. Die weitständigen, wie der Hut gefärbten, später weiß bestäubten Lamellen sind relativ dick. Sie stehen voneinander entfernt und verblassen später als der Hut.
Der 4 bis 10 cm hohe und 0,5 bis 1 cm breite, zierliche, aber steife und hutfarbene Stiel ist flockig überfasert, zylindrisch, hohl, an der Basis etwas verbreitert und oft wellig verbogen.
Das Sporenpulver ist weiß, die Sporen sind rund und stachelig-dornig. Das dünne, lilafarbene, manchmal auch weißliche Fleisch ist faserig und zäh.

Geschmack: Geruch und Geschmack sind wenig auffällig, eher schwach pilzartig.

Wo suchen, wo finden: Dieser Pilz, ein Bläuling, ist überall zu finden, in allen Wäldern, in Parks, Gärten und in moosigem Boden von Juli bis November und stellt kaum Ansprüche an die Bodenbeschaffenheit.

Umgang und Verarbeitung: Der Stiel sollte nicht verwertet werden. Die Lamellen werden von Erde und Insekten mit dem Pinsel gereinigt. Er kann eingefroren oder auch getrocknet und dann zu Pulver verarbeitet werden, womit man gut würzen kann.
Er ist als essbarer Pilz nicht besonders einträglich oder schmackhaft, wertet aber ästhetisch durchaus ein Gericht durch wenige Exemplare auf. Nach dem Kochen oder auch roh könnten Sie ihn in Essig einlegen, um ihn dann als farbiges Highlight in einem Salat unterzubringen.

Geschichte/n: Es gibt manchmal Missbildungen, die nicht der Beschreibung entsprechen, von denen Sie sich nicht irritieren lassen sollten. Besser noch: Sie lassen sie stehen!

Violetter Lacktrichterling

Tipps: Man sollte diesen Pilz nur in kleineren Portionen genießen, da berichtet wird, dass er geringe Arsenmengen in sich birgt. In maßvoller Dosierung ist er aber nicht gefährlich!

Verwechslung: Möglicherweise kann dieser Pilz mit dem Rettichhelmling verwechselt werden, der aber helle, weiche Lamellen aufweist und darüber hinaus stark nach Rettich riecht und leicht giftig ist.

Aussehen: Der 5 bis 12 cm, maximal 20 cm breite Pilz ist violett-bräunlich. Anfangs ist sein Hut gewölbt, später wird er flacher und ist manchmal unregelmäßig eingedellt und auch mittig vertieft. Die Oberfläche des Hutes ist matt bis glänzend und wird bei Trockenheit heller. Die um den Stiel ausgebuchteten, an ihm angewachsenen, dichten Lamellen sind etwas heller als der Hut und lassen sich leicht ablösen.
Der 4 bis 10 cm lange und 1,5 bis 3 cm breite, auch violette Stiel ist am Grund leicht knollig. Er weist weißsilbrige Längsfasern auf, manchmal mit hellen Flöckchen. Das Sporenpulver ist rosa-bräunlich, die Sporen sind elliptisch. Das lila-bläuliche Fleisch ist weich und zart.

Geschmack: Er riecht süßlich und würzig. Sein Geschmack ist nussartig.

Wo suchen, wo finden: Er ist auf nährstoffreichen Böden im Buchenwald, unter Fichten, in Gärten und auf dem Kompost von April bis November zu finden. Dabei steht er häufig in Hexenringen oder auch in Reihen.

Hier kriegt jeder einen Korb: Pilze auf dem Markt

Violetter Rötelritterling

Umgang und Verarbeitung: Er sollte nicht abgeschnitten, sondern mit der Wurzel herausgedreht werden, um ihn eindeutig bestimmen zu können. Er ist selten von Maden befallen und kann gut verwertet werden. Getrocknet nimmt er eine hellere Farbe an. Beim Garen verändert sich seine Farbe nicht. Er kann auch in Scheiben geschnitten eingefroren werden. Roh sollte er nicht verzehrt werden, da es danach zu Magen-Darm-Problemen kommen kann. Auf jeden Fall sollte er gut durchgegart werden.

Geschichte/n: Wegen seines kahlen Hutes wird er auch Nackter Rötelritterling genannt.

Tipps: Ein gut kenntlicher Pilz für Anfänger!
Er soll blutdrucksenkend sein. Wer jedoch nach dem Genuss Magen-Darm-Probleme bekommt, sollte ihn nie mehr essen.

Verwechslung: Er könnte mit dem ebenfalls essbaren Schmutzigen Rötelritterling verwechselt werden, der aber muffig riecht. Gefährlich ist die Verwechslung mit dem leicht giftigen Lila Dickfuß, der Übelkeit und Erbrechen hervorruft. Der Lila Dickfuß verfügt aber nicht über lila Lamellen, hat safranfarbenes Fleisch und riecht stechend nach Acetylen.

Aussehen: Der 5 bis 10 cm breite Hut ist anfangs halbkugelig, dann wie eine Glocke gewölbt. Der bei weiterem Wachstum ausgebreitete, bucklige und reinweiße Hut ist kahl und bei Feuchtigkeit klebrig. Die weißen (!) Lamellen sind engstehend und nicht angewachsen. Der 9 bis 10 cm lange und 1 bis 1,5 cm dünne, manchmal gebogene Stiel ist ebenfalls reinweiß und faserig. Er wächst aus einer Knolle mit einer später schlaffen Scheide. Der auch weiße Stielring fällt manchmal ab. Das Fleisch ist in allen Teilen weiß.

Geschmack: Er sollte niemals geschmeckt geschweige denn gegessen werden! Er riecht süßlich nach rohen Kartoffeln.

Wo suchen, wo finden: Er steht in Gruppen, auch einzeln, im Laub- und Mischwald, in Parks, insbesondere unter Eichen, von Juni bis Oktober in eher bergigem Land und ist doch sehr häufig.

Umgang und Verarbeitung: In jedem Fall tief aus der Erde nehmen, um die Knolle mit der Scheide beurteilen zu können. Keinesfalls zu anderen gesammelten Pilzen legen.

Geschichte/n: Dieser Pilz ist tödlich giftig, auch in geringen Mengen. Gerade in den letzten Jahren haben sich Berichte von Pilzvergiftungen durch Knollenblätterpilze insbesondere bei ausländischen Mitbürgern gehäuft. Hier tut Aufklärung sicher Not!

Tipps: Die giftige Wirkung hat eine Latenzzeit von acht bis 40 Stunden und zerstört Organe wie Leber, Niere und den Herzmuskel.

Weißer Knollenblätterpilz

Verwechslung: Er kann mit Champignons verwechselt werden. Die Knolle mit der Scheide, die reinweißen Lamellen und das reinweiße Fleisch geben die entscheidenden Hinweise. Weiße Champignons haben rosa bis braune Lamellen. Alle Knollenblätterpilze sind tödlich giftig, außer dem Gelben Knollenblätterpilz, der nur leicht giftig ist, aber auch nicht gegessen werden sollte. Der Grüne Knollenblätterpilz ist häufiger, kann aber eindeutig durch dessen zitronengelbe bis olivgrüne Hutfarbe und die recht dicke, vom Stiel abgegrenzte Knolle vom Champignon, der keine Knolle und Scheide aufweist, unterschieden werden. Der auch weiße Kegelhütige Knollenblätterpilz mit reinweißen Lamellen hat wollige Fasern am Stiel.

Aussehen: Der 3 bis 12 cm große Hut des Wiesenchampignons ist weiß bis cremefarben, im Alter rosagrau mit gelblichen Flecken. Der jung halbkugelige, später ausgebreitete, glatte, aber auch schuppige Hut ist anfangs noch mit einer Hülle versehen. Die Huthaut steht am Rand etwas über und lässt sich abziehen. Die Lamellen unter dem jungen Pilz sind bei noch geschlossener Hülle rosa, aber nie weiß. Nach dem Abfallen der Hülle und im Alter sind sie erst dunkelrosa, dann schokoladenbraun. Sie stehen dicht und sind nicht am Stiel angewachsen.
Der 3 bis 7 cm lange und 1 bis 1,5 cm dicke Stiel ist weiß bis gelblich gefärbt. Zur Basis hin verjüngt er sich etwas. Er steckt ohne eine Knolle tief im Boden. Der anfangs noch am Stiel sichtbare Ring als Rest der Hülle verschwindet später. Das Sporenpulver ist dunkelbraun, die Sporen sind elliptisch. Das weiße, allmählich rosafarbene, brüchige und faserige Fleisch wird bei Anschnitt langsam rosa. Auf Druck verfärbt sich der Pilz nicht.

Geschmack: Der Geruch ist pilzig und aromatisch. Er schmeckt nussartig.

Wo suchen, wo finden: Der weit verbreitete Pilz tritt scharenweise auf gedüngten, nährstoffreichen Feldern und Wiesen auf, insbesondere auf Pferde- und Rinderkoppeln von Juni bis Oktober. Dabei bildet er eindrucksvolle Hexenringe.

Umgang und Verarbeitung: Der Pilz sollte ganz aus der Erde gedreht werden, um zu sehen, ob er in einer Knolle oder Scheide wächst. Der ganze Pilz ist verwertbar, er sollte nicht getrocknet, kann aber ein oder zwei Tage gekühlt gelagert werden. Möglich ist das Einfrieren der geschnittenen Pilze, aber auch das Marinieren.

Geschichte/n: Der Name leitet sich aus dem französischen Wort „Champ“ ab, was Feld bedeutet. Er ist ein Pilz, der auf dem Feld wächst und deshalb auch Feldegerling genannt wird.

Wiesenchampignon

Tipps: Der sich nicht wesentlich vom Wiesenchampignon unterscheidende Zuchtchampignon ist in jedem Supermarkt erhältlich, sodass Sie die Merkmale an ihm gut untersuchen können.

Verwechslung: Der sehr ähnliche Stadtchampignon ist ebenfalls essbar, steht aber manchmal an dichtbefahrenen Straßen und hat dann hohe Bleiwerte. Weiße, essbare Egerlinge haben weiße Lamellen, die später zartrosa werden. Der Große Scheidling, der ebenfalls essbar ist, wächst aus einer Scheide, sollte aber nicht von Anfängern gesammelt werden. Tödliche Gefahr besteht bei der Verwechslung mit dem giftigen Knollenblätterpilz (s. S. 87), der, besonders wenn er jung und rund ist, mit dem Champignon verwechselt werden kann. Der Knollenblätterpilz hat weiße Lamellen und immer eine Knolle, die in einer Scheide steckt.

Aussehen: Kartoffeln im Wald? Denn so sehen diese Pilze aus, auch das Gewicht gleicht dem einer Kartoffel. Der 3 bis 12 cm im Durchmesser große, kugelige, knollige und unregelmäßig geformte Bovist ist fast stiellos. Die verdickten Mycelstränge (Rhizomorphen) sind mit dem Boden verbunden. Der Pilz hat eine schmutzig-bräunliche, warzige und schuppige, lederartige, manchmal gerissene Oberfläche. Die mit 2 bis 4 mm recht dicke Hülle, die den Körper umschließt, endet in wurzelartigen Fasern an der Basis und ist dort runzelig.
Das grau-schwärzliche Sporenpulver wird im gesamten Fruchtkörper gebildet; die Sporen sind kugelig. Das Fruchtfleisch verändert sich vom jungen Stadium von weißlich bis gelblich hin zum reifen Stadium in violett-schwärzlich, bis es kohlrabenschwarz wird. Die Veränderung geht von der Mitte des Pilzes aus, bis der Pilz dann am Scheitel ein Loch bildet, woraus sich die Sporen verteilen.

Geschmack: Geruch und Geschmack sind streng und abstoßend metallisch. Der giftige Kartoffelbovist erzeugt mit zeitlicher Verzögerung Übelkeit und Erbrechen und kann auch zu Ohnmachten führen.

Wo suchen, wo finden: Dieser Pilz taucht massenhaft im Laub- und Nadelwald auf. Er ist Juli bis November auf sandigen, nährstoffarmen und kalkfreien Böden und in der Heide zu finden.

Umgang und Verarbeitung: Keinesfalls sollten Sie ihn zu ihren essbaren Pilzen hinzufügen, um ihn nicht aus Versehen mit zu verarbeiten. Sie könnten ihn aber zur näheren Untersuchung mit nach Hause nehmen, um ihn zu studieren und künftig zweifelsfrei von essbaren Bovisten unterscheiden zu können.

Geschichte/n: Früher gab es noch den Hinweis, dass man diesen Pilz in kleinerer Menge als Würzpilz nutzen könnte, was nicht ratsam ist. Dieser Pilz ähnelt ein wenig den sehr teuer gehandelten Trüffeln, sodass sie diesen manchmal untergeschoben werden. Beim Kauf von Trüffeln also unbedingt die Merkmale für den Kartoffelbovisten beachten.

Dickschaliger Kartoffelbovist

Tipps: Wenn Sie einen sichtbar alten Kartoffelbovisten gefunden haben, der trotzdem innen noch gelblich weiß ist, könnte es sein, dass ein parasitärer Pilz die normale Entwicklung verhindert hat: der Parasitische Röhrling, der aber ausgesprochen selten ist.

Verwechslung: Er kann kaum mit den essbaren Bovisten verwechselt werden, da er nie im Schnitt reinweiß ist wie die essbaren. Auch mit den Sommertrüffeln (s. S. 107) kann er kaum verwechselt werden, beachtet man, dass diese nur unter der Erde zwischen den Wurzeln eines Baumes wachsen und der Kartoffelbovist auf der Erde aufliegt.

Aussehen: Der an eine umgedrehte Birne oder Flasche erinnernde, 2 bis 8 cm hohe und 2 bis 4 cm breite, unten etwas keulige Pilz ist manchmal ziemlich flachgedrückt. Sein rundliches, in der Mitte etwas erhabenes Köpfchen ist der jung noch feste, fertile, sporenbildende Teil, während der sterile Stielteil etwas schwammiger ist. Die jung weiße, manchmal gräuliche, später bei Reife brauner werdende Oberfläche ist mit 2 bis 3 mm kleinen Stacheln besetzt, die am Stielteil geringer werden und die ringförmig von Wärzchen umgeben sind. Diese fallen im Alter ab und hinterlassen eine netzartige Struktur. Die Sporen, die im Kopfteil gebildet werden, sind rund und feinwarzig. Das Sporenpulver, das aus der Mitte des Kopfteils im Alter herausgeschleudert wird, ist gelb bis braun und pulvrig. Der Reifeprozess geht über eine flüssig-matschige Phase in die staubige über. Das Fleisch ist jung reinweiß, später oliv bis braun.

Geschmack: In allen Phasen riecht der Pilz angenehm. Er schmeckt würzig und mild.

Wo suchen, wo finden: Der Pilz ist weit verbreitet, häufig und wächst in Gruppen von Juli bis November im Laub- und Nadelwald, seltener auf Wiesen.

Umgang und Verarbeitung: Mit dem Pinsel geputzte Exemplare werden mit einem Tuch vorsichtig von den Stacheln befreit, der erdige, kurze Stielteil wird abgeschnitten. Die Pilze werden in Scheiben geschnitten und können gebraten, aber besser nicht gekocht werden. In Scheiben können sie eingefroren werden. Vom Trocknen ist abzuraten. Auch der schon matschige oder staubige Pilz ist nicht giftig: also keine Gefahr, falls Ihnen einer in die Pfanne rutscht.

Geschichte/n: Dieser Pilz wird auch Flaschenstäubling genannt, weil die Form an eine umgedrehte Flasche erinnert.

Tipps: Normalerweise würde man ja nicht im Wald auf Pilzen herumtrampeln. Aber bei diesen Stäublingen macht es erstens Spaß, sie mit dem Fuß anzustupsen oder auch auf sie zu treten, und zweitens tun Sie dabei etwas für die Verbreitung der Sporen!

Flaschenstäubling

Verwechslung: Knollenblätterpilze (s. S. 89) und auch Fliegenpilze (s. S. 45) können jung dem Flaschenstäubling ähnlich sehen. Ein Längsschnitt zeigt beim Knollenblätterpilz die Knolle und am Anwuchsteil eine gelbliche Verfärbung, während der Fliegenpilz unter der Huthaut eine dünne orange bis rötliche Linie bildet. Verwechselt werden könnte der Flaschenstäubling auch mit anderen Stäublingen, die im jungen Alter und wenn sie weiß sind alle essbar sind.

Aussehen: Dieser auch Giftlorchel genannte Pilz ist deutlich eingeteilt in Hut und Stiel. Sein gehirnartig ausgestülpter, gewundener und unregelmäßig gelappter, eher rundlich wirkender Hut ist rot- bis kastanienbraun. Er ist bis zu 8 cm hoch, innen gekammert, aber nicht ganz hohl. Die rundlichen Windungen des Hutes treten nach außen vor. Der im Verhältnis zum Hut kurze, bis zu 5 cm lange und 4 cm breite Stiel ist weiß bis hell fleischfarben. Er ist gefurcht, knorpelig, längsgefaltet und oft gebogen. Die Sporen sind elliptisch, das Sporenpulver ist weiß und mit öligen Tröpfchen versehen.

Geschmack: Die Frühjahrslorchel schmeckt mild und würzig.

Wo suchen, wo finden: Die Frühjahrslorchel wächst als einer der ersten Pilze im Jahr ab März bis Juni auf nackten, sandigen und sauren Böden im Nadelwald, besonders auf hellen Lichtungen, Kahlschlägen im Wald oder frischem Rindenmulch in Parks oder Gärten. Er ist weit verbreitet, besonders aber im östlichen Europa.

Umgang und Verarbeitung: Er sollte getrennt von anderen Pilzen nur gesammelt werden, um ihn zu studieren und ihn einwandfrei von den Morcheln unterscheiden zu können!
Es ist absolut davon abzuraten, diesen Pilz zu sich zu nehmen. Schon die sich beim Braten oder Kochen entwickelnden Dämpfe sind giftig. Trotzdem wird er in manchen Ländern heute noch gegessen, nachdem er intensiv gekocht oder gebraten wurde, da das Gift sich so verflüchtigen soll.

Geschichte/n: Auf unseren Märkten ist der Verkauf verboten, in anderen Ländern nicht. Schädigungen an Leber und Niere könnten die Folgen des Verzehrs sein.

Tipps: In anderen Ländern geht man etwas unbesorgter mit diesem Pilz um, sodass Sie lernen sollten, ihn von anderen zu unterscheiden, um ihn nicht versehentlich auf solchen Märkten zu kaufen.

Frühjahrslorchel

Verwechslung: Dieser Pilz könnte mit den essbaren Morcheln, der Spitzmorchel und der Speisemorchel, verwechselt werden. Der Hut der Frühjahrslorchel ist aber deutlich gehirnartig gewunden und hat keine wabenartigen Kammern wie die Morcheln. Der Pilz tritt noch früher im Jahr auf als die Morcheln, daher der Name Frühjahrslorchel.

Aussehen: Das Aussehen der Krausen Glucke oder auch der Fetten Henne gleicht dem Umriss einer gluckenden Henne. Der bis zu 40 cm hohe und 30 cm breite Pilzkörper, der bis zu 5 kg oder mehr wiegen kann, ist weißlich, cremefarbig, manchmal rötlich schimmernd mit einem unregelmäßig kugeligen Umriss. Er besteht aus miteinander verbundenen, flachen, gewundenen und eingebogenen Ästchen, die außen wie feine Blätter enden. Die Windungen und Verzweigungen bilden Hohlräume. Insgesamt erinnert er an einen Blumenkohl oder einen Badeschwamm.
Das Fleisch ist elastisch, ein bisschen wie Gummi und etwas durchscheinend. Es wird im Alter bräunlich. Das Sporenpulver ist blass-ocker, die Sporen sind oval und glatt. Der feste, weißfleischige, kurze Strunk oder Stiel ist tief im Boden verankert.

Geschmack: Der Geruch und auch der Geschmack sind schön würzig.

Wo suchen, wo finden: Weit verbreitet, erscheint er mehrere Jahre einzeln am gleichen Holz, nämlich am Fuß von Nadelbäumen auf sandigen, nährstoffarmen Böden von Juli bis November.

Umgang und Verarbeitung: Für diesen Pilz benötigt man ein Messer, um am oberen Teil etwas abzuschneiden. Da der Pilz in seinen Windungen viel Gekröse mit sich schleppt wie Tierchen, Holzreste und Nadeln, sollte die Krause Glucke zum Säubern auseinandergeschnitten werden, um an die Hohlräume zu kommen. Den Pilz sollte man unter laufendem Wasser abspülen, was seinem Geschmack keinen Abbruch tut. Er sollte nicht getrocknet werden, sonst wird er leicht bitter. Im Kühlschrank hält er sich zwei bis drei Tage und kann auch eingefroren werden. Nur die hellen, jungen Teile sollten verwertet werden, ältere bräunliche sind leicht bitter.

Geschichte/n: Für den Baum bedeutet der Befall den Tod, denn dieser Pilz verursacht Braunfäule.

Krause Glucke

Tipps: Es sollten immer Reste beim Sammeln stehen gelassen werden, da dieser Pilz noch in der gleichen Saison nachwachsen und den nächsten Sammler zu einem späteren Zeitpunkt erfreuen kann.

Verwechslung: Es ist schon schwer, ihn mit irgendeinem anderen Pilz zu verwechseln, am ehesten noch mit der auch essbaren, aber zu schonenden Tannenglucke. Diese ist breitblättriger und hat dünnere Astenden, die wellig und nicht kraus sind. Korallenartige, nicht essbare Pilze haben keine flachen Ästchen, sondern rundgeformte Äste wie die Bauchwehkoralle.

Aussehen: Der von cremefarben über gelb bis hin zu orangefarbene Hut fühlt sich trocken und glatt an. Er ist 2 bis 3 cm breit, erst etwas halbkugelig und gewölbt, während er sich später wellig und gelappt auffächert. Der Pfifferling hat einen unregelmäßigen, oft verbogenen Rand, wobei er in der Mitte einen Trichter bilden kann. Die gleichfarbigen, faltigen Leisten laufen am Stiel herab, gabeln sich und können quer miteinander am unteren Ende verbunden sein. Diese Leisten sind gegenüber Lamellen etwas dicker und haben einen stumpfen Rand. Das Sporenpulver ist sanftgelb, die Sporen elliptisch geformt. Der 3 bis 6 cm lange und bis 1,5 cm schmale Stiel ist etwas heller in der Farbe als der Hut und verjüngt sich nach unten noch etwas. Das feste Fleisch ist weiß bis gelblich und rötet sich manchmal beim Anschnitt.

Geschmack: Der Pilz ist aromatisch, riecht etwas fruchtig und schmeckt mild. Wenn er roh gekaut wird, erscheint er nach einigen Momenten pfeffrig. Das Pfeffrige verliert sich allerdings beim Kochen oder Braten.

Wo suchen, wo finden: Dieser Pilz ist zwar weit verbreitet, lässt sich aber in den letzten Jahren immer weniger blicken. Hauptsammelzeit ist der Sommer, gefunden wird er aber auch schon im Juni und noch im November. Er steht meist in Gruppen hauptsächlich im Kiefern- und Nadelwald, selten unter Laubbäumen, gerne auch im Moos und unter Heidelbeeren. Er findet sich auch besonders dort, wo Rehe im Wald ihre Pfade haben, vermutlich weil diese die Sporen dort weiter verbreiten, weshalb er auch Reherl oder Rehling genannt wird.

Umgang und Verarbeitung: Der selten madige Pfifferling wird mit dem Pinsel gereinigt, mit Wasser verliert er etwas an Geschmack. Er hält sich im Kühlschrank maximal vier Tage, sollte aber nicht getrocknet oder eingefroren werden, da er dann dazu neigt, bitter zu werden.

Pfifferling

Geschichte/n: Die Namensgebung dieses Pilzes hat mit dem roh noch pfeffrigen Geschmack zu tun. Der Name Eierschwamm leitet sich von der Farbe des Eidotters her, das ja auch von hellgelb bis orange variieren kann.

Tipps: In großen Mengen wird dieser Pilz aus osteuropäischen Ländern bei uns angeboten, sodass Sie Gelegenheit haben, ihn sorgfältig zu studieren. Sollten Sie doch einmal den Falschen Pfifferling erwischen, ist dies kein Anlass zur Aufregung. Er ist nicht giftig, aber geschmacklos.

Verwechslung: Der rötlichere Falsche Pfifferling hat engstehendere Lamellen und keine Leisten wie der Pfifferling. Das Fleisch ist nicht so fest, sondern eher biegsam, und er wirkt zierlicher. Er ist nicht giftig.
Kritischer wird es, wenn man stattdessen den sehr giftigen Ölbaumtrichterling gesammelt hat, der aber eher in milderen süddeutschen Gebieten wächst. In diesem Fall sollte man darauf achten, dass der Ölbaumpilz immer auf morschem Holz wächst, seine Oberfläche seidig und glänzend ist, er Lamellen statt Leisten hat und auch mehr orange in der Farbe zeigt.

Aussehen: Der häufig kugelrunde Riesenbovist kann einen Durchmesser von 5 bis 40 cm, manchmal sogar bis 80 cm haben. Dieser Bauchpilz weist auch unregelmäßige Formen auf. Er ist anfangs strahlend weiß, später gelblich-oliv, wächst sehr schnell und hat auf seinem Fruchtkörper Vernarbungen, die mitwachsen. Die Anwachsstelle, kein wirklicher Stiel, geht in den Körper über, ist faltig und furchig. Die Außenhaut ist glatt und lederartig; von der Mitte ausgehend öffnet sich die Haut im Alter.
Das innere Fleisch wird zuerst dunkel und matschig, trocknet später und wirkt dann wie Staub mit einer feinen Hülle umgeben. Dieser Pilz birgt eine Unmenge an Sporenpulver. Es gibt zwei übereinander liegende Außenhüllen, die man erst beim Abschälen entdeckt. Das Sporenpulver ist olivbraun oder noch dunkler, die Sporen ebenso braun-oliv, kugelig, glatt und ein bisschen warzig. Bovisten entwickeln ihre Sporen im Fruchtkörper, die durch eine Öffnung auf dem Haupt den Pilz verlassen. Der Riesenbovist reißt von der Mitte auf, übrig bleibt nur der untere Teil der Hülle. Das Fleisch ist jung weiß, fest und wird erst im Alter weich.

Geschmack: Der Geruch ist unauffällig und erst im Alter unangenehm nach Harn riechend. Er ist nur jung essbar, wenn er innen noch weiß ist. Er schmeckt mild.

Wo suchen, wo finden: Diesen wegen seiner Größe und seiner weißen Farbe beeindruckenden Pilz findet man von Juni bis Oktober auf nährstoffreichen Böden, auf Wiesen, Weiden, in Gärten, an Waldrändern und bei Hecken, manchmal in Gruppen.

Umgang und Verarbeitung: Sie drehen ihn aus der Anwachsstelle, schieben mit dem Schuh etwas Laub darüber und säubern ihn mit dem Pinsel. Sie können ihn gut einfrieren, wenn Sie ihn in Scheiben schneiden und die Außenhaut entfernen. Trocknen ist keine so gute Idee, da er dann schnell alt wird, matscht und später staubt. Beim Dünsten verliert er seine Charakteristik. Man sollte ihn in dickere Scheiben schneiden, evtl. panieren und braten. Man sollte ihn aber nicht klein schneiden, da er dann sein Aroma verliert.

Riesenbovist

Geschichte/n: Dieser Bovist wird auch „Puffball“ oder „Bubenwind“ genannt. Das bezieht sich darauf, dass man mit einem Fußtritt auf den alten Pilz aus der Öffnung oben seine Sporen mit einem „Puff“ entlässt und sich dies wie Darmwinde anhört.

Tipps: Dieser Pilz kann sehr groß werden, es gibt Berichte von bis zu 25 kg. Wir haben ihn auch im Mischwald am Hang gefunden. Es sah aus, als wenn Bälle den Hang herunter gerollt wären. An einen Pilz dachte man zunächst wegen des ungewöhnlichen Aussehens und seiner Größe nicht.

Verwechslung: Dieser Pilz ist kaum zu verwechseln! Bei den ganz jungen sollte man aber doch genau hinschauen, da der tödlich giftige Knollenblätterpilz (s. S. 89) jung ebenso reinweiß ist. Die Anwuchsstelle unterscheidet sich aber sehr von dem Knollenblätterpilz, der ja aus einer Knolle herauswächst. Außerdem sieht man beim Anschnitt, dass sich die Huthaut des Knollenblätterpilzes gelblich absetzt.

Aussehen: Dieser semmelfarbene, auch weiß- bis cremefarbene oder satt gelbe Pilz hat einen 3 bis 10 cm, maximal 15 cm breiten Hut, der anfangs gewölbt wie ein Tennisball am Boden erscheint. Er wird dann flacher und nimmt unregelmäßige Formen an, wobei er mittig manchmal eingedrückt ist. Der Rand ist anfangs eingerollt und verbiegt sich immer mehr, insbesondere dann, wenn die Pilze sehr eng stehen und sich gegenseitig bedrängen. Der 2 bis 6 cm lange und etwa 1 bis 4 cm breite Stiel ist heller als der Hut, gelegentlich rosa getönt. Das Besondere an ihm sind die 2 bis 6 mm langen, dicht stehenden Stacheln oder Stoppeln unterhalb des Hutes, die am Stiel herablaufen. Sie sind brüchig, ablösbar oder abwischbar und unterschiedlich lang.
Der zylindrische, häufig zur Mitte hin versetzt gewachsene, manchmal schiefe 3 bis 7 cm hohe und 1 bis 4 cm breite Stiel ist weiß bis rosa. Auf Druck wird er gelb, besonders an der Stielbasis. Die Sporen sind rundlich bis kugelig, glatt und durchsichtig und weisen einen Öltropfen auf. Das Sporenpulver ist weiß, im Alter ockerfarben. Das gelblich-weiße Fleisch, das im Schnitt chromgelb bis blassrosa wird, ist brüchig, aber fest.

Geschmack: Der Geruch ist angenehm mild, entfernt an Haferflocken erinnernd. Der Pilz hat einen leicht scharfen Geschmack, bei älteren Exemplaren etwas bitter. Dieser bittere Geschmack vergeht bei langem Braten oder Kochen.

Wo suchen, wo finden: Von Juli bis November im Laub- und Nadelwald, auch an abschüssigen Wiesen und im Moos. Er taucht in Gruppen und auch in Ringen oder in Büscheln auf, ist insbesondere im Mittelgebirge und auf kalkhaltigen Böden sowie im Fichtennadelstreu zu finden.

Semmelstoppelpilz

Umgang und Verarbeitung: Falls Sie die Stoppeln durch bloßes Wischen entfernen können, ist er eigentlich zu alt zum Sammeln. Der junge, wenig madige Pilz hält sich im Kühlschrank frisch. Er ist in Streifen geschnitten gut einzufrieren und auch zu trocknen. Der Pilz muss lange gekocht werden, damit seine Bitternis vergeht. Man sollte ihn aber keinesfalls längere Zeit im Auto lassen – der Gestank ist dann unerträglich und nur schwer wieder zu beseitigen.

Geschichte/n: Wegen seiner hohen Cäsiumwerte sollte er nicht zu oft gegessen werden. In Frankreich wird dieser Pilz auch Pied de Mouton (Schafsfuß) genannt, vermutlich wegen der Ähnlichkeit seiner Stoppeln mit den pelzigen Schafsfüßen.

Tipps: Im Thüringer Wald haben wir ihn zu unserer großen Überraschung mitten im Dorf an einem kleinen Abhang gefunden – und zwar massenhaft!

Verwechslung: Es gibt einige ähnliche Stoppelpilze, die aber alle essbar sind, zum Beispiel der Rotgelbe Stoppelpilz oder der Weißliche Stoppelpilz, die alle an den spitzen, stachelartigen, dicht stehenden Stoppeln unter der Huthaut erkennbar sind.

Aussehen: Der 2 bis 10 cm dicke, unregelmäßig kugelig-knollige Fruchtkörper ist schwarzbraun und mit ebensolchen warzigen Höckern versehen. Im Anschnitt ist er innen lange hell bleibend, älter ist er dann mit hellen Adern durchzogen. Das Sporenpulver ist gelbbraun, die Sporen sind fast kugelig. Das feste, weißliche Fleisch ist im Alter graubraun marmoriert.

Geschmack: Er riecht leicht nach Knoblauch und hat einen eigenen, würzigen, unvergleichlichen Geschmack.

Wo suchen, wo finden: Er wächst unterirdisch direkt an den Wurzeln unter Laubbäumen wie Rotbuchen und Birken, selten unter Nadelbäumen. Er kommt im Sommer in wärmeren Gegenden auf Kalkböden vor.

Umgang und Verarbeitung: Der Sommertrüffel kann etliche Tage im Kühlschrank aufbewahrt, sollte aber dann bald verzehrt werden.

Geschichte/n: Trüffel werden z. B. mit abgerichteten Hunden gesucht. Der Sommertrüffel gehört nicht zu den teuersten Arten, wie etwa der Wintertrüffel aus dem Périgord oder dem Piemont. Der Sommertrüffel kommt aber in Mitteleuropa vor.

Tipps: Evtl. lohnt sich bei der weiteren Erwärmung der nördlichen Halbkugel die Suche nach Trüffeln auch bei uns, man muss nur zwischen Baumwurzeln graben. Man kann versuchen, seinen Hund mit Trüffelöl in Verbindung mit einem gleichzeitig versteckten „Leckerli" für die Trüffelsuche zu trainieren. Früher verwendete man Schweine für die Suche, die ungleich besser riechen können, jedoch ihren Fund sofort selbst verspeisen.

Sommertrüffel

Verwechslung: Den Sommertrüffel kann man kaum verwechseln, allenfalls mit dem giftigen Kartoffelbovist, der ihm ein wenig ähnlich sieht, der aber eher oberirdisch zu finden ist und unangenehm stechend riecht (s. S. 91).

Der Trüffel ist uns wohlbekannt,
er lebt meist im Franzosenland.
Wo unter Eichen, Linden, Buchen
die Trüffelschweine nach ihm suchen.

Aussehen: Die bis zu 15 cm große und 10 cm breite, aufrecht stehende Speisemorchel ist ein Schlauchpilz, dessen Sporen in Schläuchen gebildet und bei Reife aus der Spitze geschleudert werden. Er zeigt sich in seiner Gestalt und Farbe sehr variabel: Er kann blassgelb, manchmal olivfarben, sandfarben und dabei sehr dunkel sein.
Der kegelige, ovale bis runde Hut ist durch Rippen in viele eckige Kammern geteilt, die die äußeren Kanten bilden. Sie verlaufen unregelmäßig, nicht senkrecht. Das Sporenpulver ist cremefarben oder blassgelb.
Der bis zu 10 cm große und 4 cm breite, weißliche bis hellbraune Stiel ist mit dem Hutrand verwachsen. Er ist kahl und etwas feinkörnig. Der Stiel verdickt sich zur Basis hin und hat erkennbare senkrechte Furchen. Er kann verbeult oder eingedellt sein. Der Pilz ist innen hohl, das Fleisch zart und brüchig.

Geschmack: Die Speisemorchel ist ein aromatischer, würziger Speisepilz, der sein Aroma insbesondere getrocknet entfaltet.

Wo suchen, wo finden: Die Speisemorchel ist bereits ab März und nur bis Mai im Laub- und Mischwald, besonders aber unter Eschen, auf nährstoffreichen Böden zu finden. Sie wächst gern auf Lichtungen, aber auch an Bachrändern, auf Wiesen im Gras und Moos. Sie zeigt sich häufiger im Süden als im Norden. Nach künstlichen Bewegungen (zum Beispiel durch Fahrzeuge) oder bei natürlicher Erosion der Erde, aber auch nach Waldbränden kann die Speisemorchel massenhaft erscheinen. Ebenso wächst sie auf frisch ausgestreutem Rindenmulch.

Verwechslung: Äußerst gefährlich ist die Verwechslung mit der stark giftigen Frühjahrslorchel (s. S. 95), deren brauner Hut aber gehirnartig gefältelt ist. Die Speisemorchel könnte auch mit der ebenfalls schmackhaften und noch delikateren Spitzmorchel verwechselt werden, deren Hut eindeutig dunkler ist und senkrechte Rippen aufweist. Alle Morcheln sind essbar!

Geschichte/n: Frische Morcheln erzielen auf dem Markt hohe Preise. Kenner genießen sie am liebsten getrocknet.

Speisemorchel

Umgang und Verarbeitung: Noch in der Natur sollten die Kammern des Pilzes mit einem zarten Pinsel von Insekten gereinigt werden. Nehmen Sie nur junge Pilze, da bei älteren nicht genau zu erkennen ist, ob Teile schon in Verwesung geraten sind, was man nicht sofort riecht. Zum Trocknen muss er nicht zerschnitten werden, er wird vielmehr auf Fäden gezogen und hält sich getrocknet fast unbegrenzt.
Zur Verwendung in der Küche werden die Morcheln in Wasser, Wein oder Cognac aufgeweicht. Den Sud auffangen, die Morcheln kurz in der Pfanne anziehen und mit dem Sud ablöschen. Mit Sahne abschmecken.
Dieser edle Speisepilz ist aus der klassischen Küche nicht wegzudenken. Wer es einfach mag, genießt den puren Pilz mit etwas Sahne eingekocht zu Teigwaren.

Tipps: Da dieser Pilz sehr brüchig ist, gilt beim Sammeln äußerste Vorsicht, um ihn nicht zu verletzen. Wenn möglich, sollte die Speisemorchel separat aufbewahrt werden.

Aussehen: Der düster aussehende Pilz, auch Herbsttrompete genannt, hat eine ganz besondere Form, die an eine Trompete, ein Füllhorn oder an den Kelch einer Blume erinnert. Der 2 bis 5 cm hohe Fruchtkörper mit einem entsprechend großen Durchmesser ist innen komplett hohl. Die grauschwärzliche, etwas marmoriert wirkende Innenseite ist filzig und trocken und fühlt sich wie leicht geschuppt an. Ist der Pilz nass, wirkt er dunkler. Auf der etwas helleren Außenseite ist manchmal weißes Sporenpulver zu erkennen, sie fühlt sich aderig an. Leisten sind nicht vorhanden. Der Pilz verjüngt sich nach unten und hat einen umgeschlagenen, auch gerissenen, welligen Rand. Hut und Stiel gehen ineinander über und bilden die typische Form. Das Sporenpulver ist weiß, die Sporen sind elliptisch. Das 1 bis 2 mm dünne Fleisch ist lappig, dabei zäh-elastisch und ledrig, es erinnert an Gummi.

Geschmack: Ein würziger Pilz, der intensiv nach Wald riecht und geschmacklich mild ist.

Wo suchen, wo finden: Da der Pilz kalkreiche und lehmige Böden liebt, kommt er eher in Mittelgebirgen vor. Unter Rotbuchen und Eichen ist er von August bis November zu finden. Auch leicht abschüssige Wegesränder mit Baumbestand sind Fundstellen. Der Pilz ist nicht leicht zu finden, da er sich unter den verrottenden Altblättern kaum durch die Farbe abhebt. Er tritt auch in Gruppen auf.

Umgang und Verarbeitung: Man braucht bei diesem Pilz noch nicht einmal den Pinsel. Er sollte umgedreht und ein wenig geschüttelt werden, um evtl. Erde oder kleines Getier zu entfernen; madig ist er selten. Er kann zu Hause mit Wasser gereinigt werden, ohne dass er seinen Geschmack verliert. Gesammelt werden sollten nur die jungen Pilze, alte sind zu zäh. Beim Braten oder Kochen werden bereits die jungen Exemplare zäh. Er lässt sich gut trocknen, um dann unter dickfleischigere Pilze gemischt zu werden. Nach dem Trocknen kann er darüberhinaus gemahlen und als Würze verwendet werden. Die Totentrompete schmeckt ausgezeichnet zu Fisch.

Totentrompete

Geschichte/n: Es ist rücksichtsvoll, der Totentrompete auch den Namen Herbsttrompete zu geben, da der eine oder andere Gast sich grausend von der Tafel abwendet, wenn der Pilz als Totentrompete angekündigt wird. Seinen Namen verdankt er seinem düsteren Aussehen.

Tipps: Falls es Sie selbst gruselt, sollten Sie den Pilz trotzdem nicht stehen lassen, denn sein Genuss bedeutet ein Geschmackserlebnis, das Sie sich nicht entgehen lassen sollten.

Verwechslung: Verwechselt werden könnte er mit dem Grauen Leistling, der Leisten hat und auch essbar ist. Ansonsten geht von diesem auffälligem Pilz keine Verwechslungsgefahr mit giftigen Vertretern aus.

Impressum

1. Auflage 2015

Autorin: Prof. Beatrix Gromus
Herausgeber, Redaktion und Produktion: Henning Seehusen
Schlussredaktion: Wolfgang Sinemus
Layout, Gestaltung und Litho: Frische Grafik, Hamburg

Bildrechte: Seite 13: © TR Design - Fotolia.com, Seite 15: © Monika Freudenstein - Fotolia.com, Seite 17: © Robert Mertl - Fotolia.com, Seite 19: © Robert Mertl - Fotolia.com, Seite 21: © petrabarz - Fotolia.com, Seite 23: © M. Schuppich - Fotolia.com, Seite 25: © SusaZoom - Fotolia.com, Seite 27: © Imago, Seite 29: © adam88xx - Fotolia.com, Seite 31: © goldbany - Fotolia.com, Seite 33: © Blickwinkel, Seite 35: © Imago, Seite 37: © Imago, Seite 39: © Andris T - Fotolia.com, Seite 40: © Henning Seehusen, Seite 41: © Tarabalu - Fotolia.com, Seite 43: © arolina66 - Fotolia.com, Seite 45: © jenszuechner - Fotolia.com, Seite 47: © Ribanas photoarts - Fotolia.com, Seite 49: © Fotofinder, Seite 51: © awfoto - Fotolia.com, © Henning Seehusen, Seite 52-61: Foodfotos © Stephane Abry, Seite 63: © carmenrieb - Fotolia.com, Seite 65: © Eileen Kumpf - Fotolia.com, Seite 67: © Simank - Fotolia.com, © Henning Seehusen, Seite 68: © Henning Seehusen, Seite 69: © Juniors Bildarchiv, Seite 71: © Silvana Eckert - Fotolia.com, Seite 73: © MAK - Fotolia.com, Seite 75: © Ionescu Bogdan - Fotolia.com, Seite 76: © Henning Seehusen, Seite 77: © mojolo - Fotolia.com, Seite 79: © WernerHilpert - Fotolia.com, Seite 81: © Tarabalu - Fotolia.com, Seite 83: © Tarabalu - Fotolia.com, Seite 85: © Style-Photography - Fotolia.com, Seite 86: © Henning Seehusen, Seite 87: © Axel Gutjahr - Fotolia.com, Seite 89: © Schlegelfotos - Fotolia.com, Seite 91: © Imago, Seite 93: © Martina Berg - Fotolia.com, Seite 95: © awfoto - Fotolia.com, Seite 97: © Tarabalu - Fotolia.com, Seite 99: © pixilon - Fotolia.com, Seite 101: © tomasztc - Fotolia.com, Seite 103: © Uwe Grötzner - Fotolia.com, Seite 105: © Fotofinder, Seite 107: © Siegfried Schnepf - Fotolia.com, Seite 109: © Tarabalu - Fotolia.com, Seite 111: © Tarabalu - Fotolia.com, Umschlag: © Alexander Potapov- Fotolia.com

Printed in Germany

Druck und Bindung:
STERNTALER DRUCKKONTOR, Brügge
http://www.sterntaler-druckkontor.de

ISBN 978-3-00-050556-0